普通高等教育“十三五”精品教材

工程制图习题集

（非机械类）（第3版）

何俊杰　杨素君　李　斌　徐　蔚　主编

天津大学出版社
TIANJIN UNIVERSITY PRESS

内容提要

本习题集共10章，主要内容包括：制图的基本知识、正投影法基础、立体表面的交线、组合体、轴测图、机件常用的表达方法、标准件和常用件、零件图、装配图和计算机绘图。

本习题集与《工程制图》（非机械类）第3版教材配套使用，精选200余题。适用于大专院校非机械类各专业，也可供相关工程技术人员参考。

图书在版编目（CIP）数据

工程制图习题集：非机械类 / 何俊杰等主编. —3版. —天津：天津大学出版社，2016.8（2023.9重印）

ISBN 978-7-5618-5576-8

Ⅰ.①工… Ⅱ.①何… Ⅲ.①工程制图–高等学校–习题集 Ⅳ.①TB23-44

中国版本图书馆CIP数据核字(2016)第130360号

出版发行 天津大学出版社
地　　址 天津市卫津路92号天津大学内（邮编：300072）
电　　话 发行部：022-27403647
网　　址 publish.tju.edu.cn
印　　刷 廊坊市海涛印刷有限公司
经　　销 全国各地新华书店
开　　本 787mm×1092mm　1/8
印　　张 15.75
字　　数 200千
版　　次 2016年8月第3版
印　　次 2023年9月第7次
定　　价 38.00元

前　言

本习题集是根据教育部“画法几何及机械制图课程指导委员会”对非机械类工程制图课程的教学基本要求，作者在总结和吸取了多年的教学改革和实践经验的基础上，并参考国内外同类教材编写的。编写的目的是使学生掌握工程制图的基本知识、理论和技能，着重培养学生的空间构思能力和创新设计能力。

本习题集采用最新颁布的国家标准编写，图样全部用计算机绘制。习题难易结合，数量适中，重点突出，类型多样，力求精练，又留有选作余地，并增加了综合练习题。

与本习题集配套使用的《工程制图》（非机械类）第3版同时出版，适用于大专院校非机械类各专业，也可供相关工程技术人员参考。

本习题集由何俊杰、杨素君、李斌、徐蔚主编，参加编写的有杨素君、马梦兰、李斌、徐蔚、何俊杰、董玲、王艳荣。

由于编者水平有限，书中缺点和错误再所难免，恳请读者批评指正。

编者

2016年6月

目　　录

1-1 字体练习。

机械制图标准序号名称件数材料例

备注描图审核日期第张技术交流比

普通平键半圆与尾架定位套密封盖单向阀活塞挡圈

槽形螺母钢球轴承紧定螺钉止退垫圈开口销变速器

ABCDEFGHIJKLMNOPQRST

UVWXYZabcdefghijklmn

opqrstuvwxyzvhwrxyzc

12345678901234567890123 4ϕ

1-2 在指定位置上抄画各种图线。

粗实线

细点画线

波浪线

细虚线

细实线

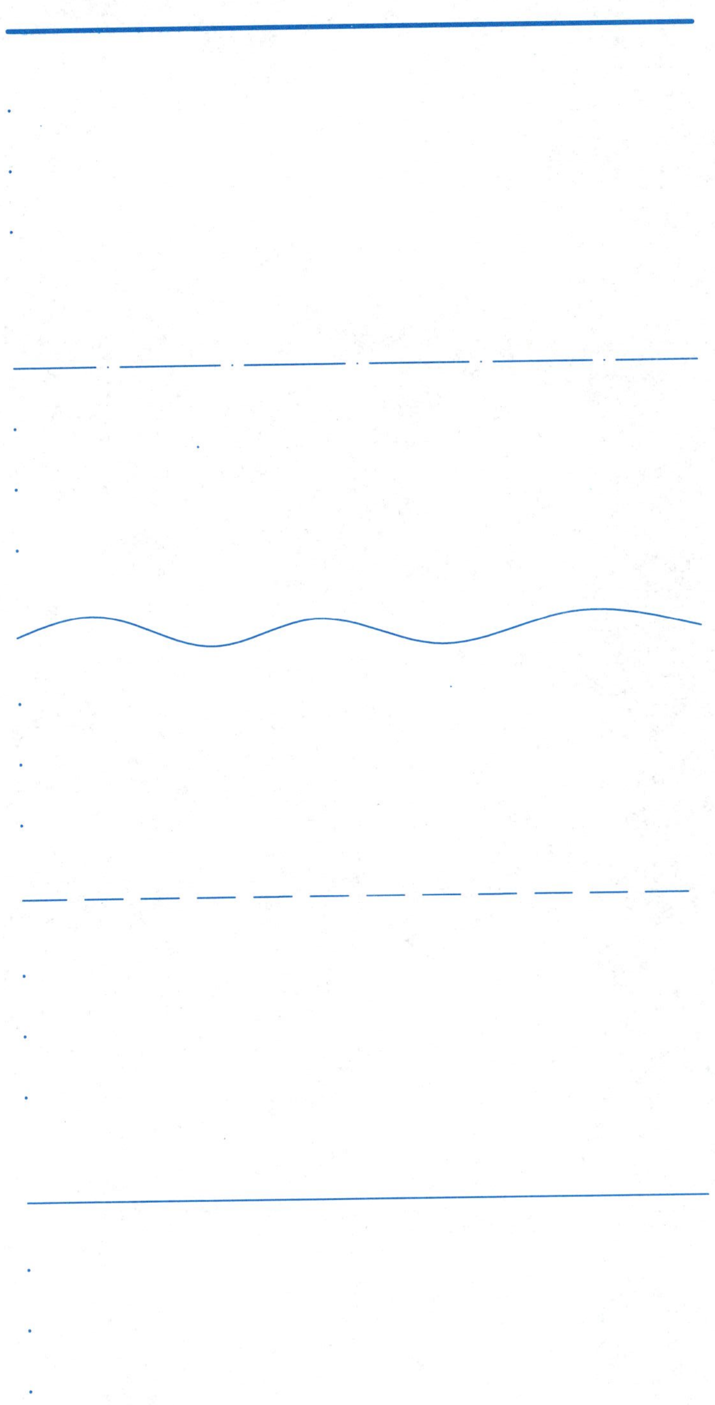

1-3 尺寸标注（尺寸数值由图中量取整数）。

（1）补全尺寸数字和箭头。

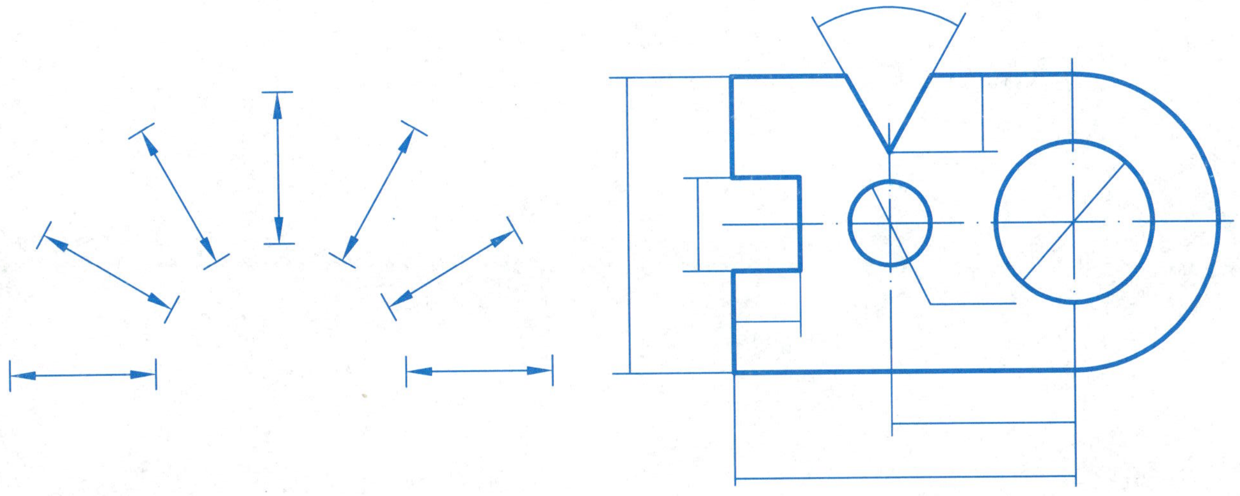

（2）标注下列图形尺寸。

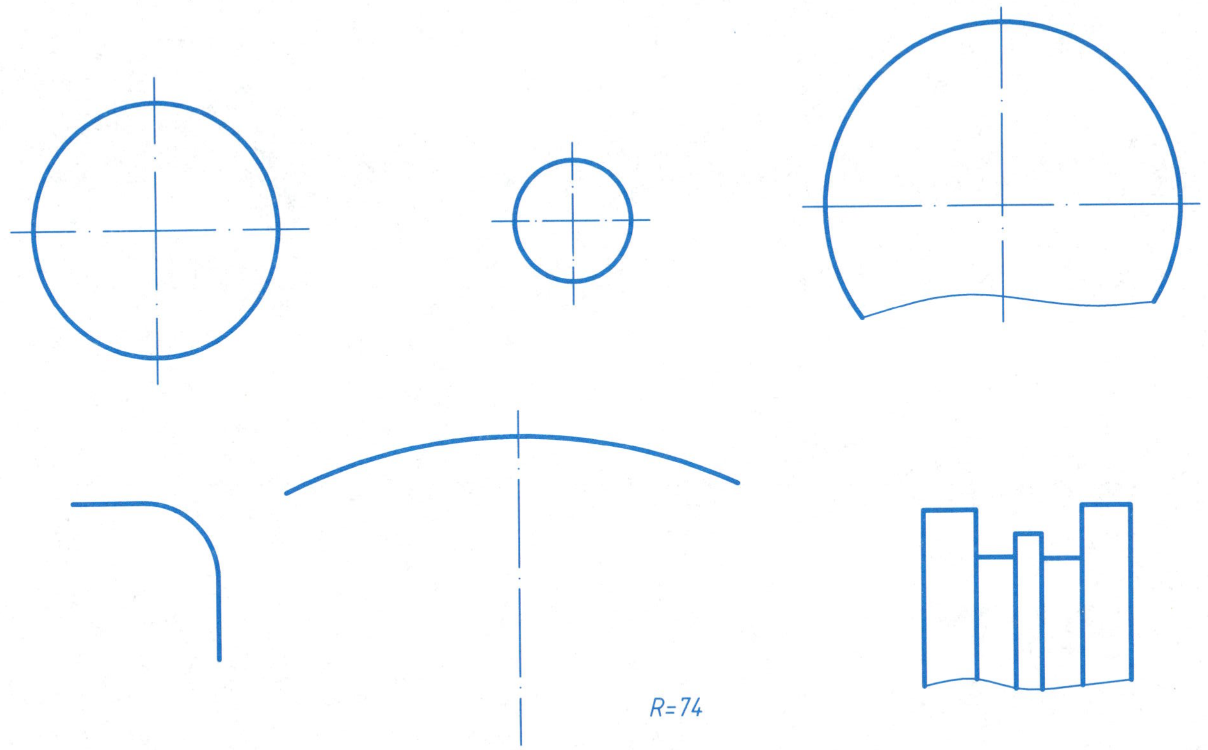

班级　　　　　　姓名

1-4 标注下列各平面图形的尺寸（尺寸数值由图中按1：1量取整数）。

(1)

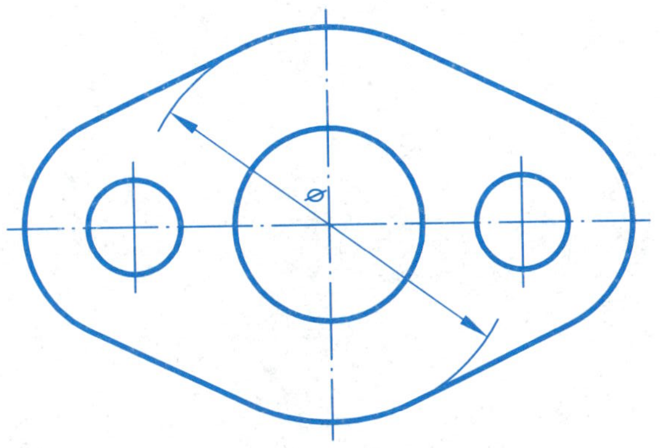

(2)

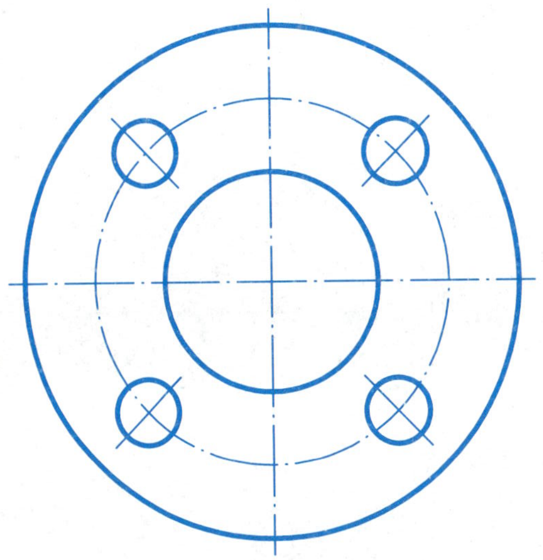

(3)

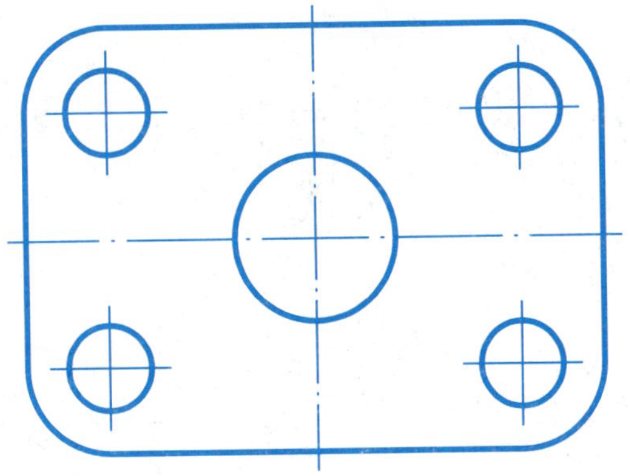

(4)

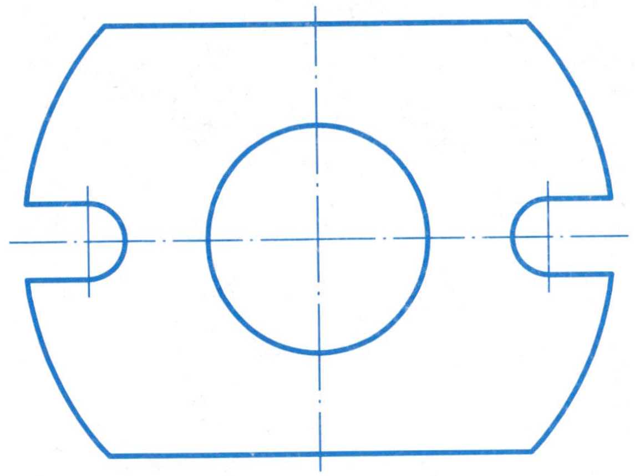

1-5 尺寸注法改错。

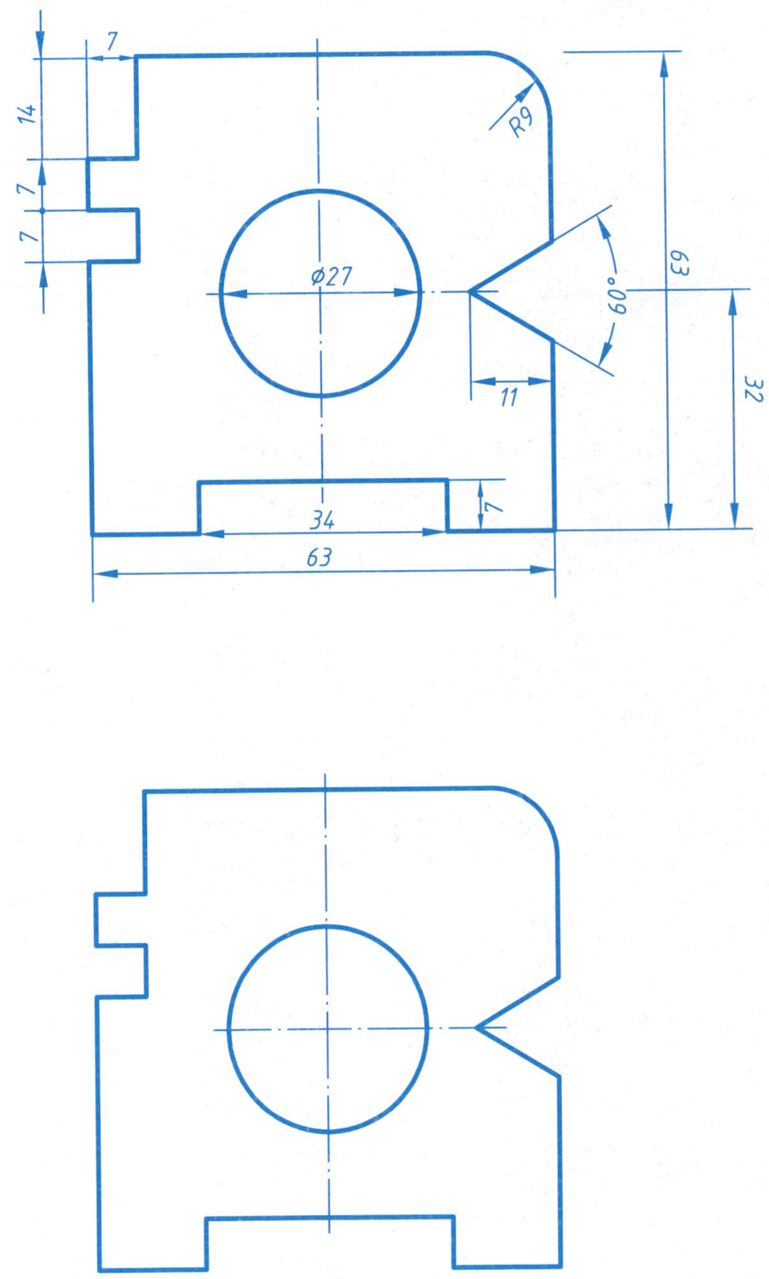

班级　　　　　　姓名

1-6 圆弧连接。

(1) 按给出的图形以1：1的比例画在下面空白处,分析图中的线段并填空。

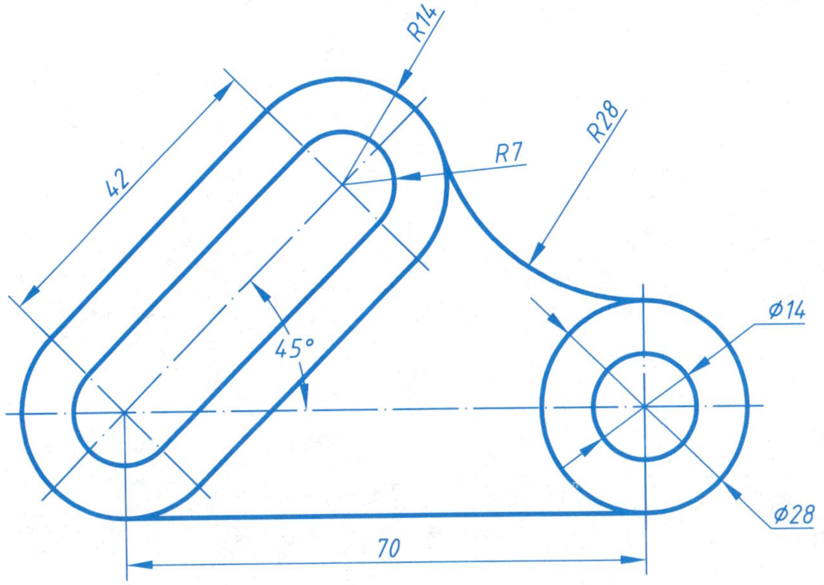

已知线段 ______________

连接线段 ______________

1-7 在指定位置上根据尺寸数值按1：1的比例画出所给图形。

(1)

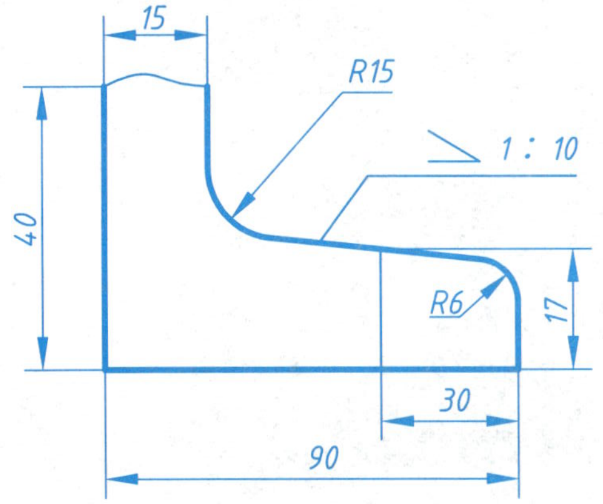

(2)

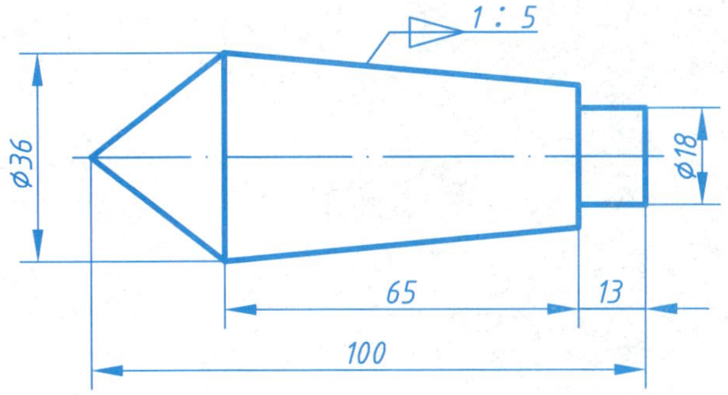

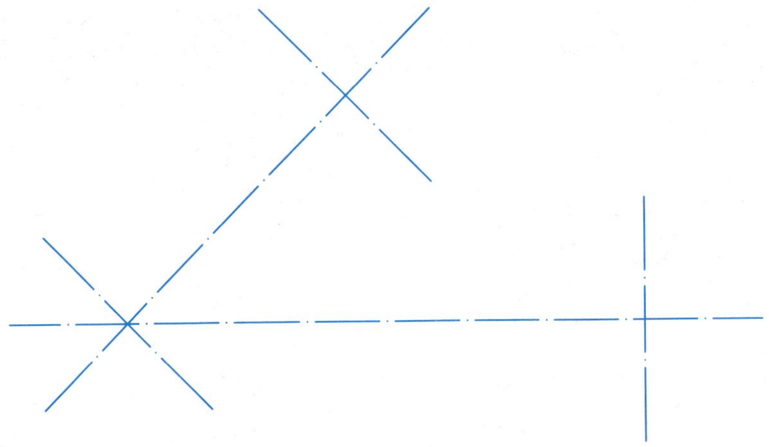

班级　　　　　　姓名

1-8 将下面的图形按1：1的比例画在A3幅面的图纸上。

作业提示

一、目的、内容与要求。

1.目的、内容：初步掌握国家标准《技术制图》等有关内容，学会绘图仪器和工具的使用方法。

2.要求：图形正确、布置适当、线型标准、字体工整、尺寸完整、符合标准、连接光滑、图面整洁。

二、图名、图幅与比例。

1.图名：几何作图。

2.图幅：A3图纸。

3.比例：1：1。

三、绘图步骤如下。

1.将图纸固定在图板上，画出图框和标题栏。

2.用H铅笔绘制底稿。

3.用B铅笔加深粗实线，其余线型用HB铅笔加深。描深时应先描弧，再描直线，同类型线型一次描完。其中粗实线宽度为0.7毫米，其他线型宽度为粗实线的1/2。

4.填写标题栏。其中图名用10号字书写，其余用5号字书写。

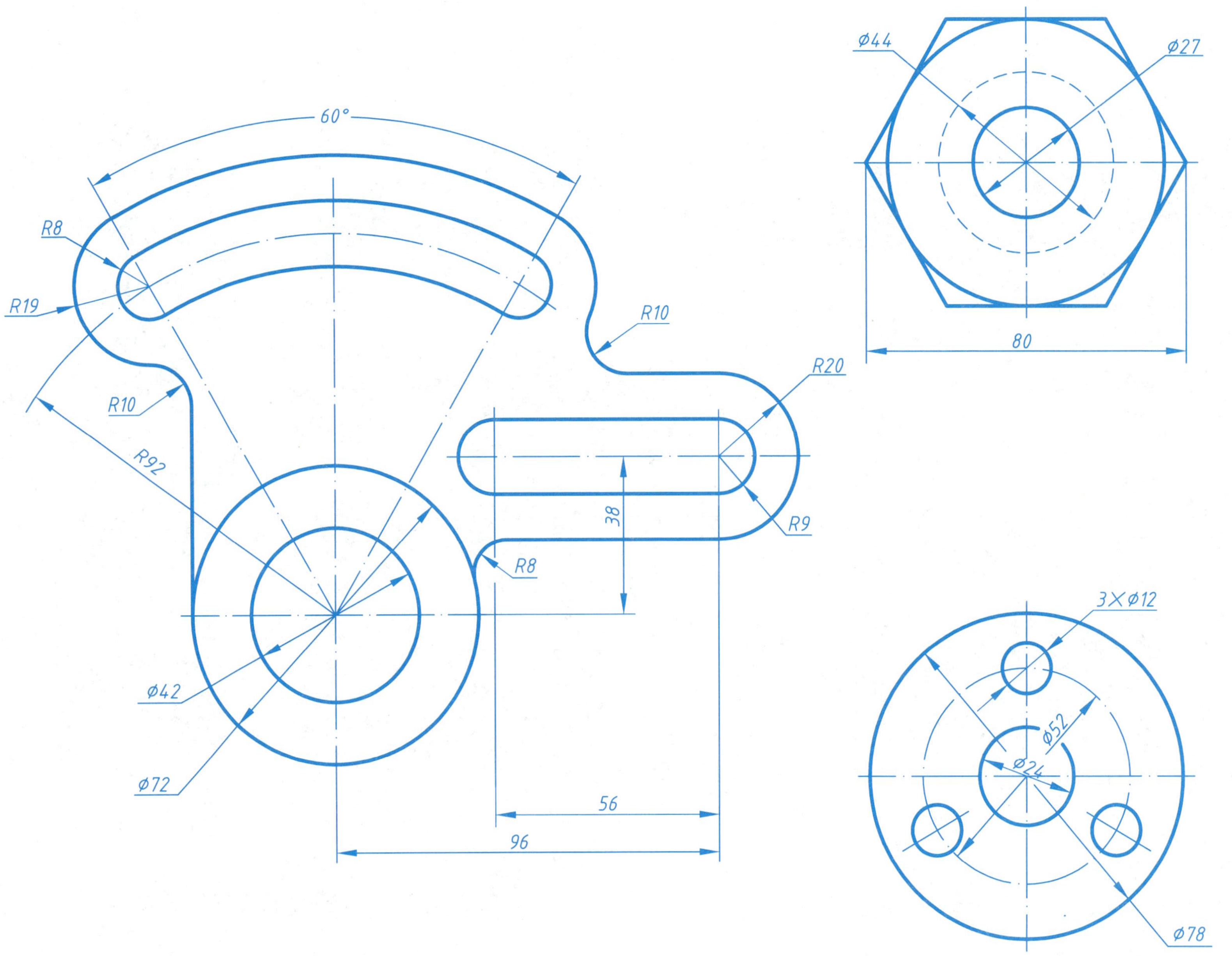

班级　　　　姓名

2-1 由物体的立体图画出三视图（尺寸大小由立体图量取）。

(1)

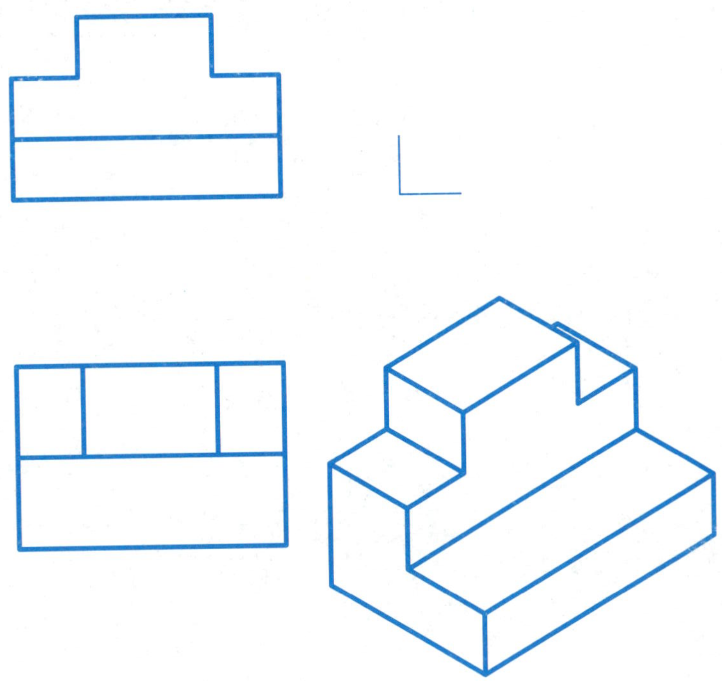

(2)

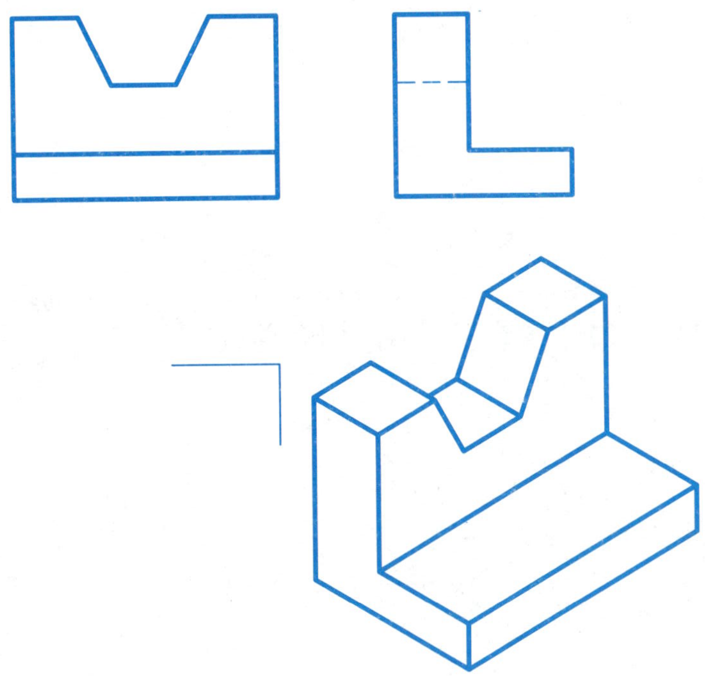

(3)

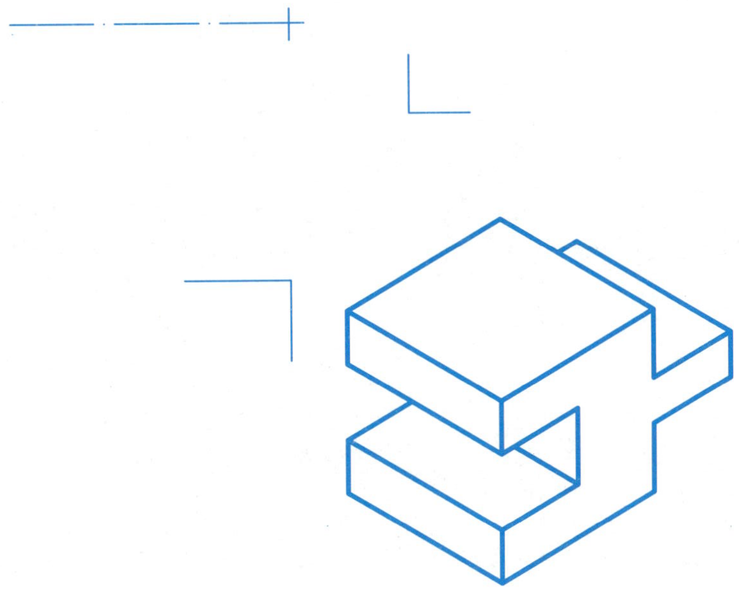

(4)

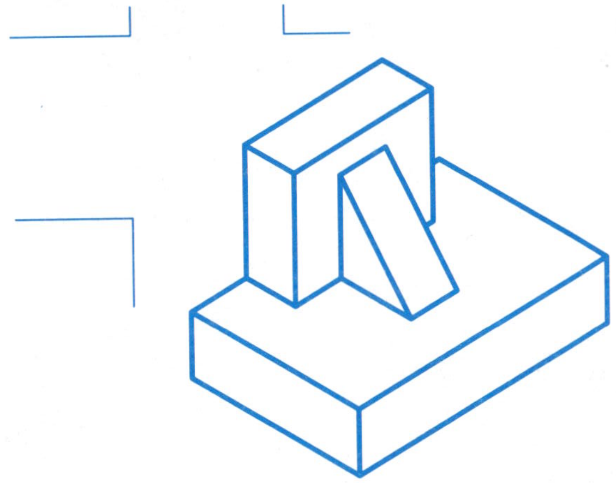

(5)

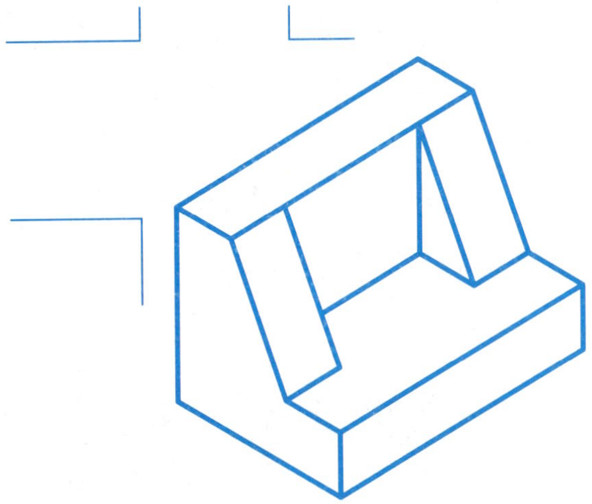

(6)

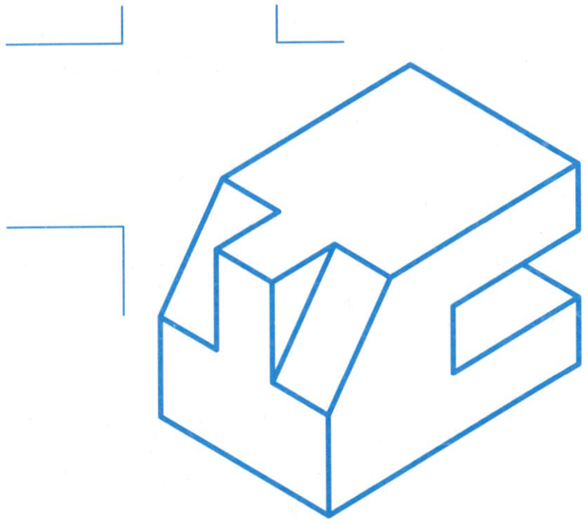

2-2 标全物体上指定直线的三面投影，并指出它们为何种位置直线。

(1)

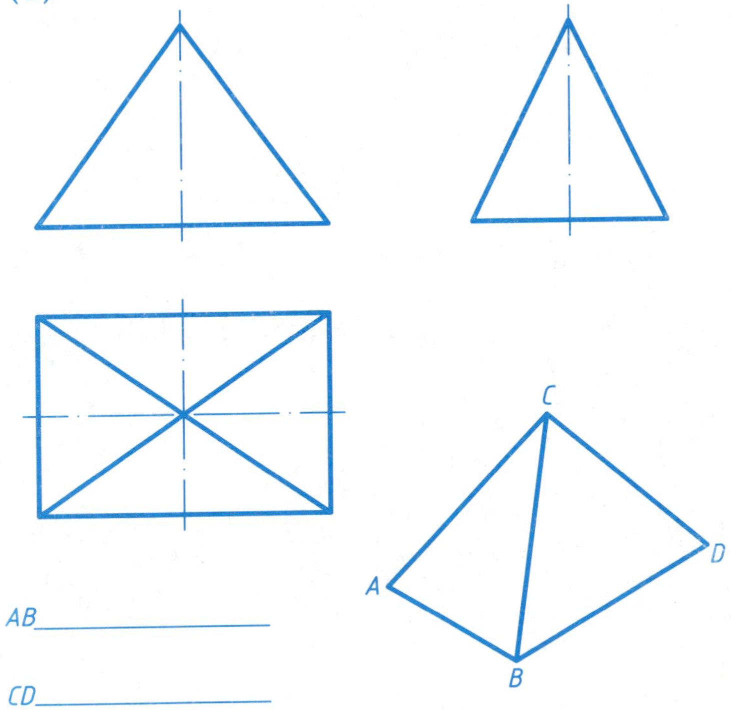

AB________

CD________

(2)

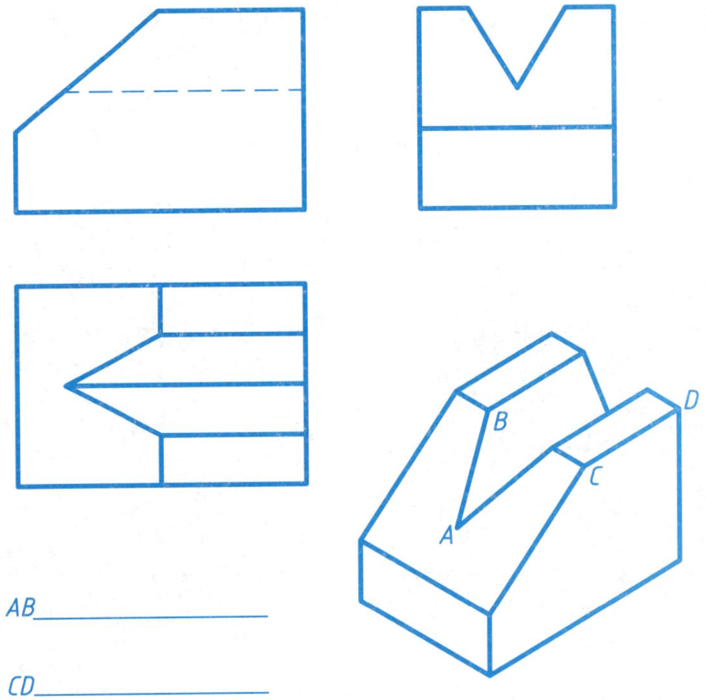

AB________

CD________

(3)

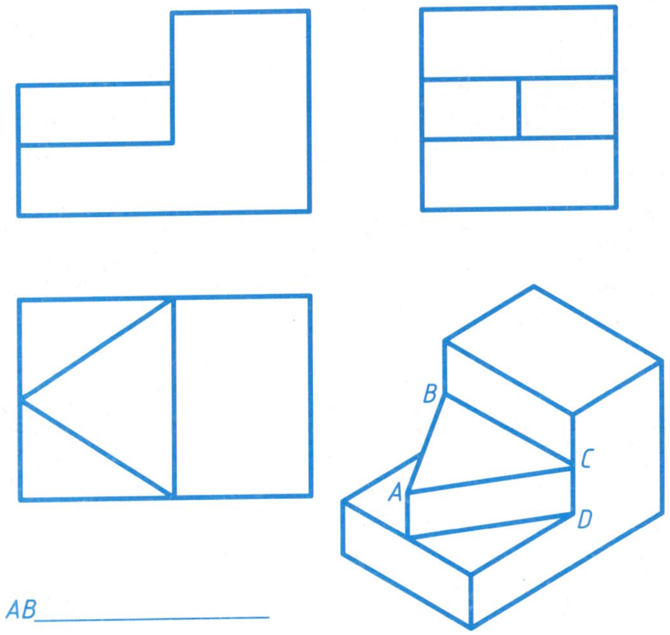

AB________

CD________

(4)

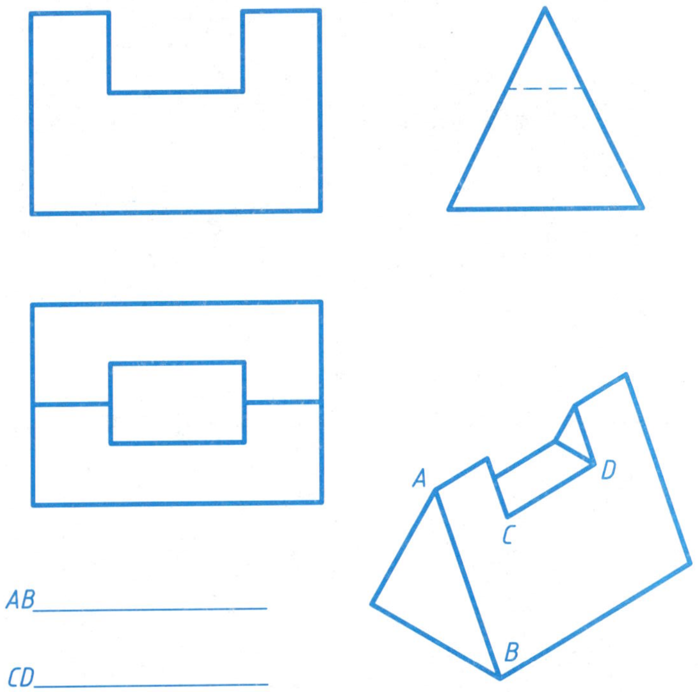

AB________

CD________

2-3 求点、线的投影。

（1）直线AB为水平线，求AB的三面投影。

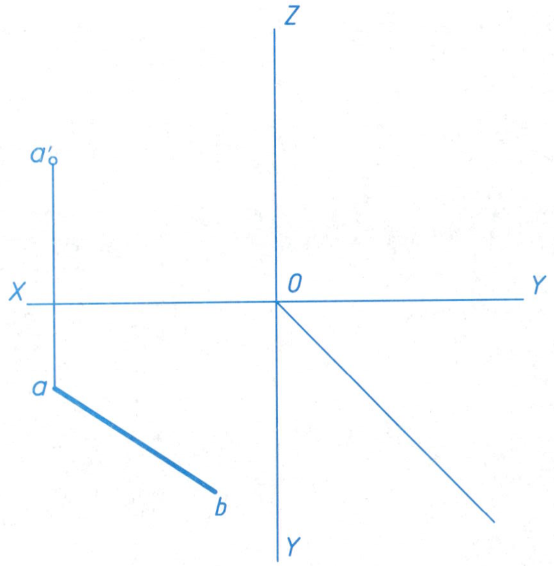

（2）点C在直线AB上，求直线AB和点C的三面投影。

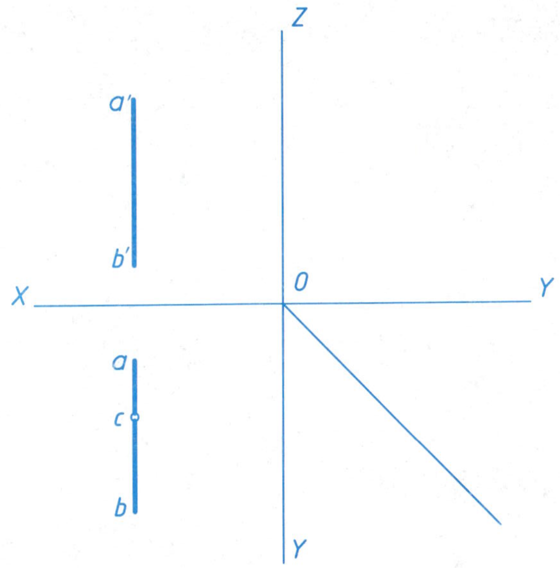

2-4 标全物体上指定平面的三面投影，并指出它们为何种位置平面。

(1)

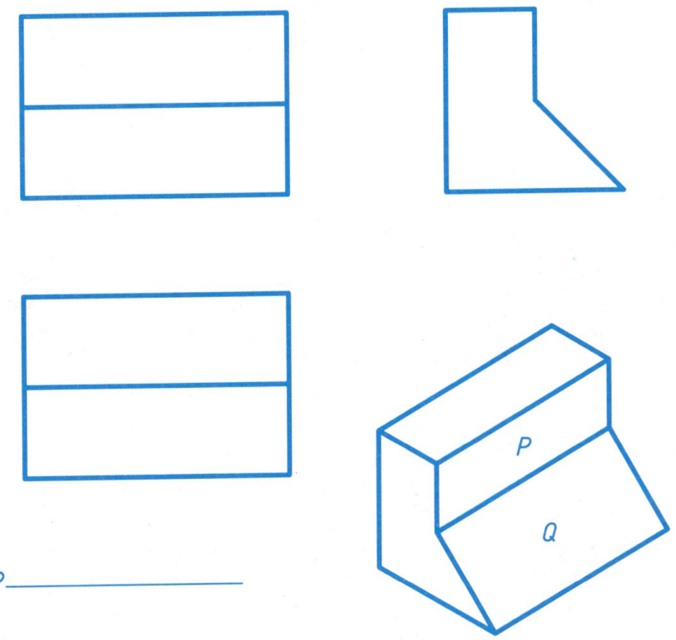

P________

Q________

(2)

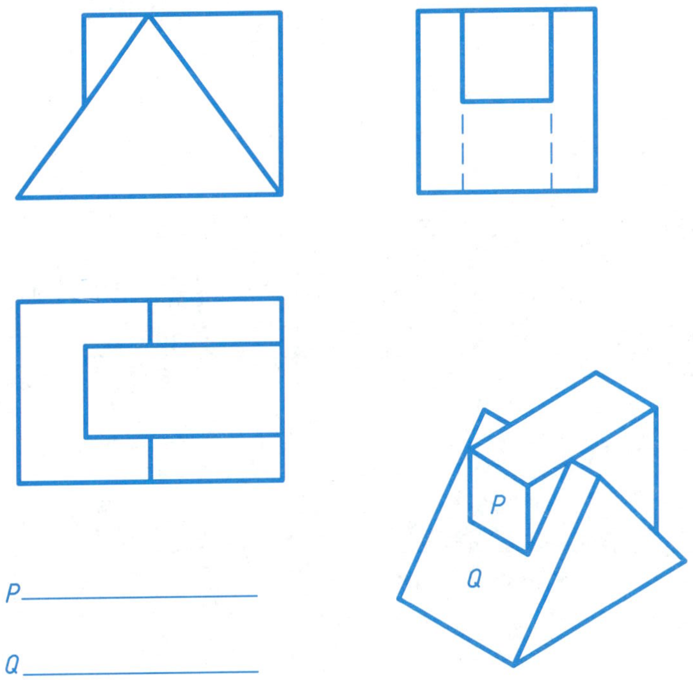

P________

Q________

(3)

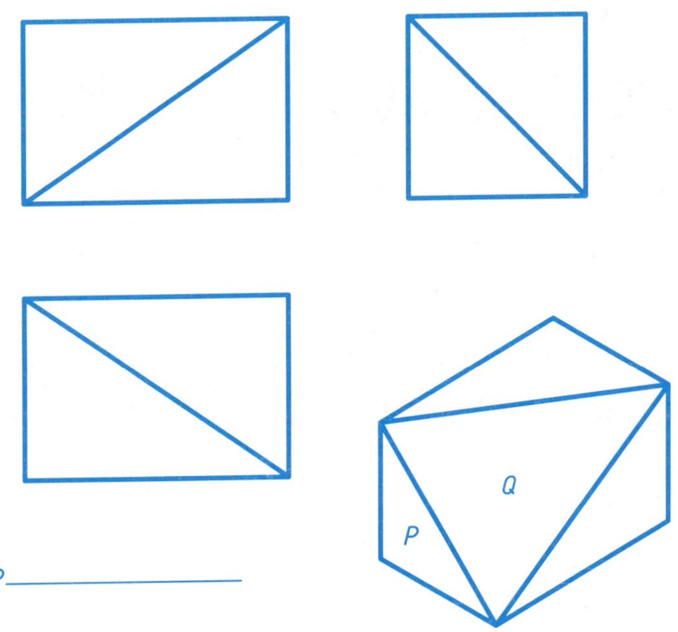

P________

Q________

(4)

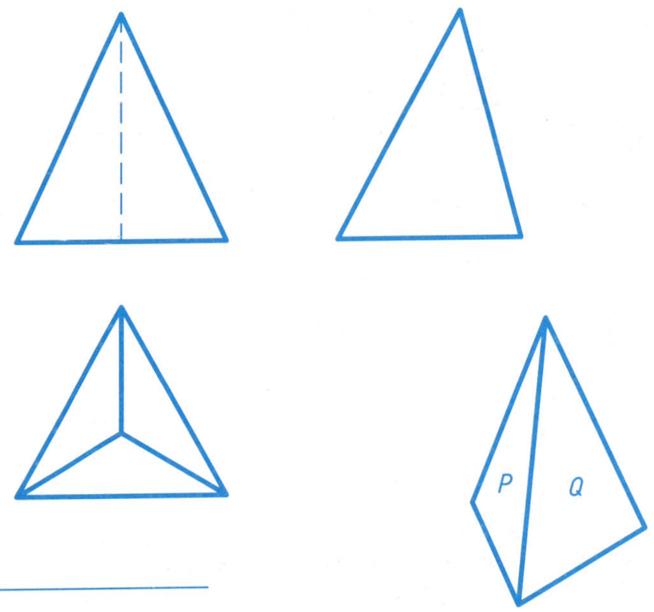

P________

Q________

2-5 求点、线、面的投影。

(1) 求三角形及平面上点A和直线BC的三面投影。

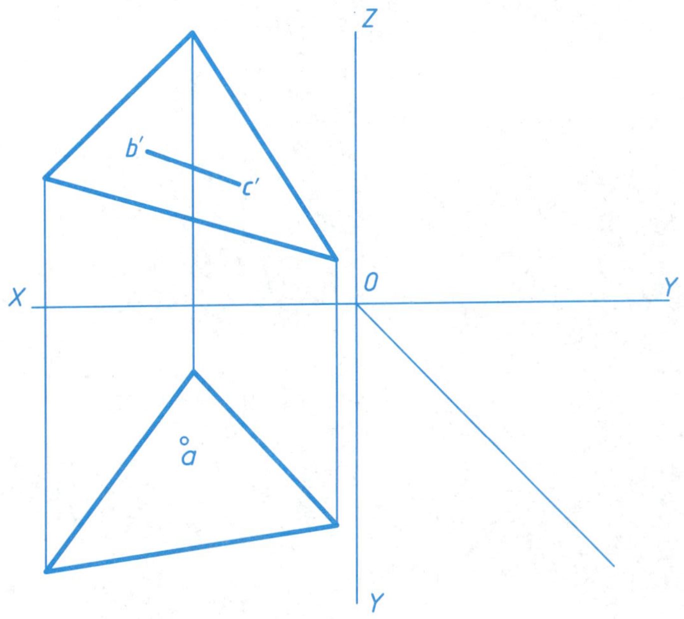

(2) 求四边形ABCD的三面投影。

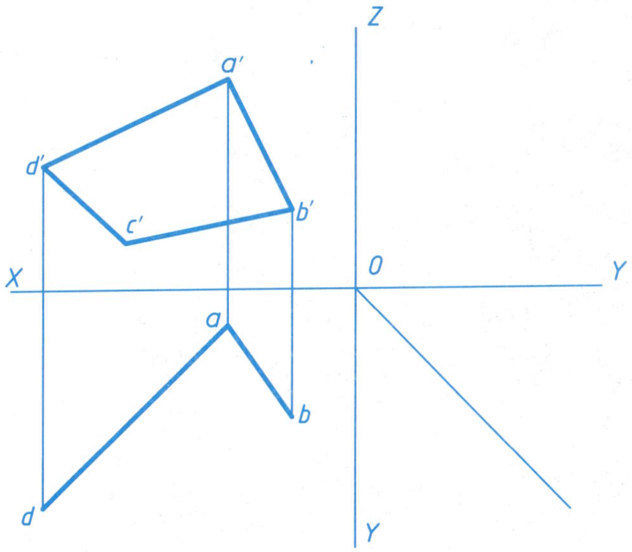

班级　　　　　　姓名

2-6 求作立体和表面上点的三面投影。

(1)

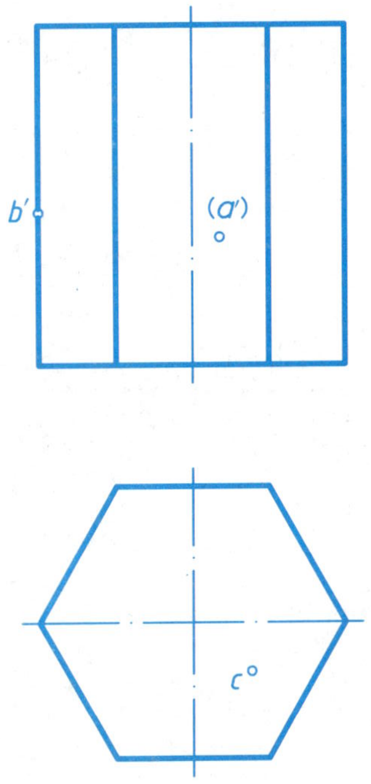

(2)

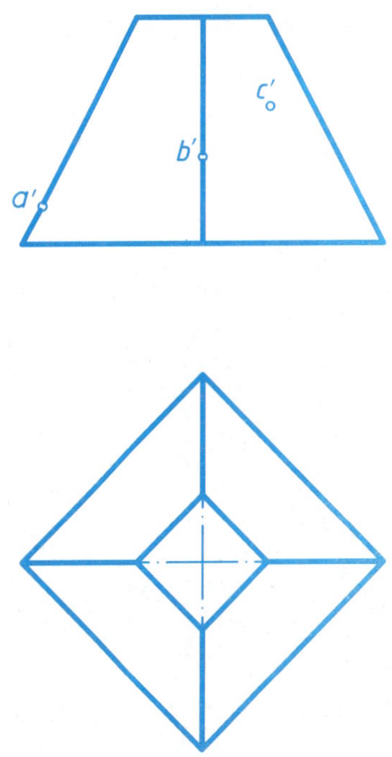

(3)

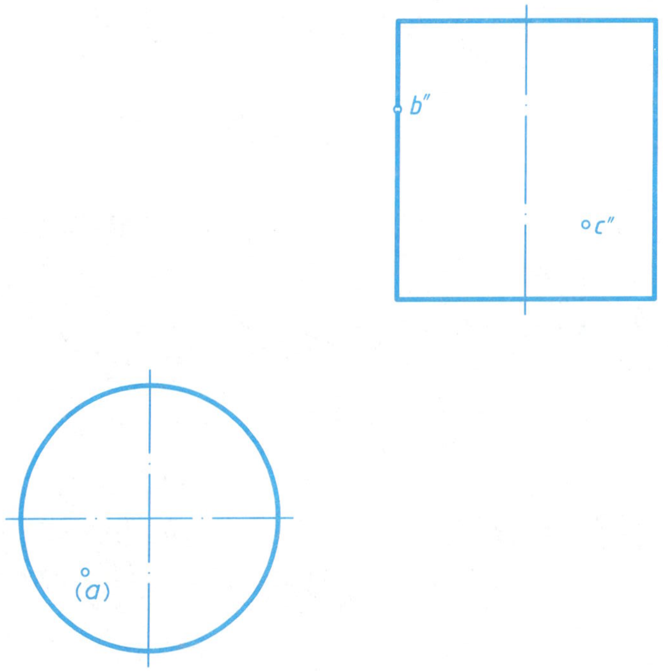

(4)

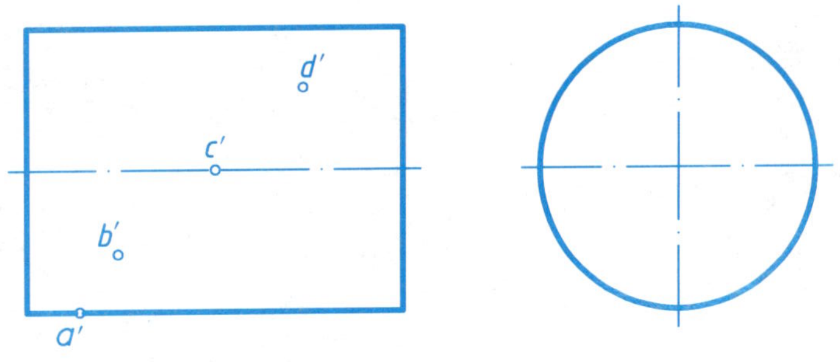

(5)

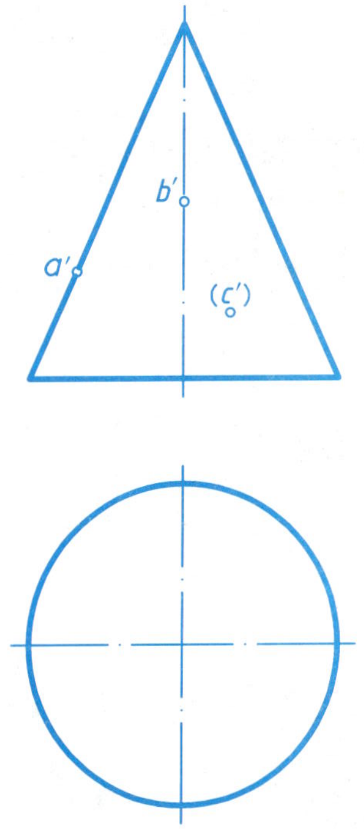

(6)

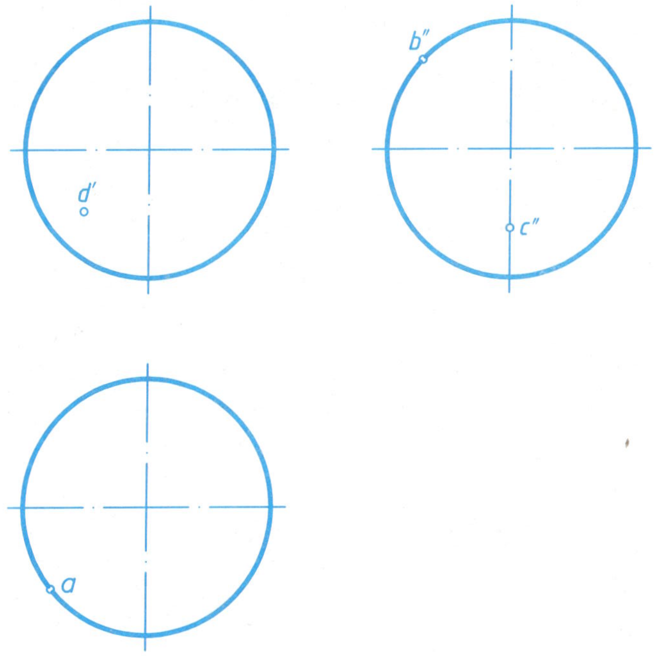

班级　　　　姓名

3-1 求作截切立体的三面投影。

(1)

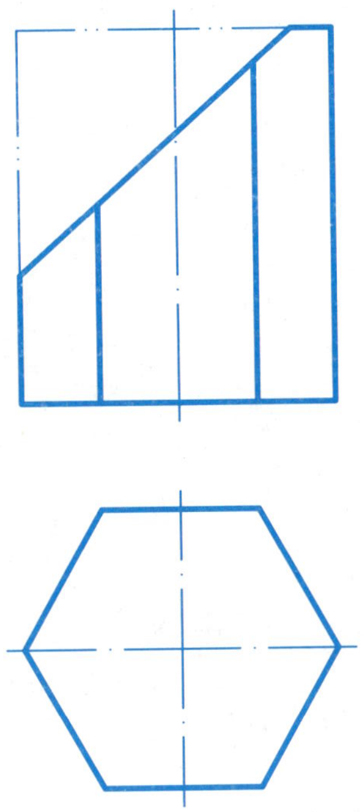

(2)

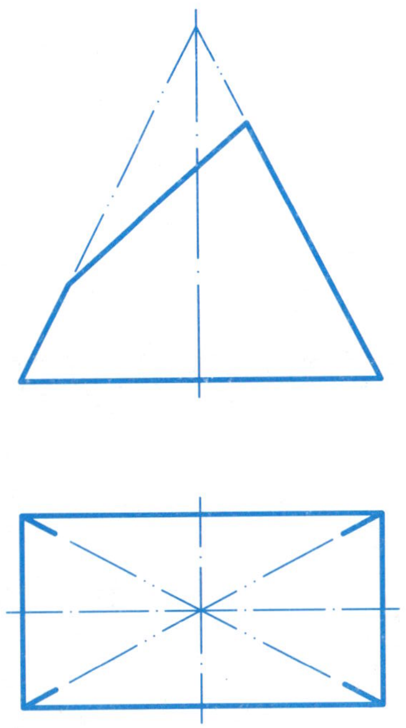

(3)

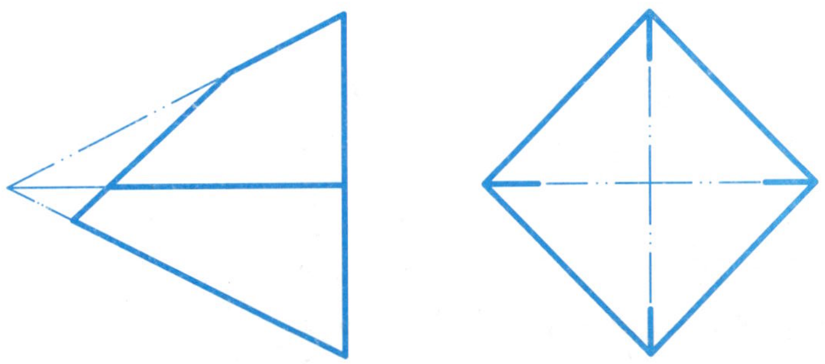

(4)

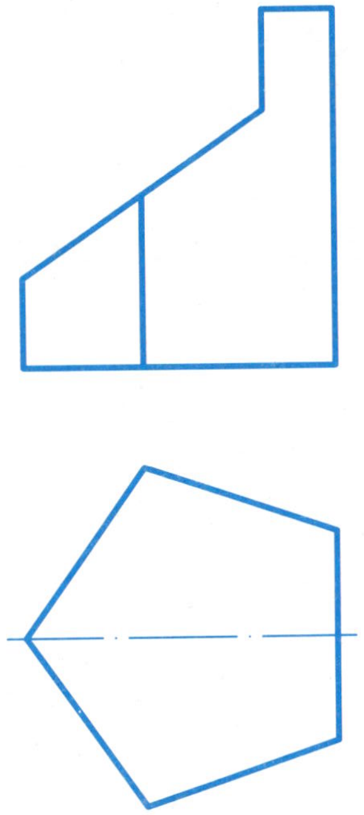

(5)

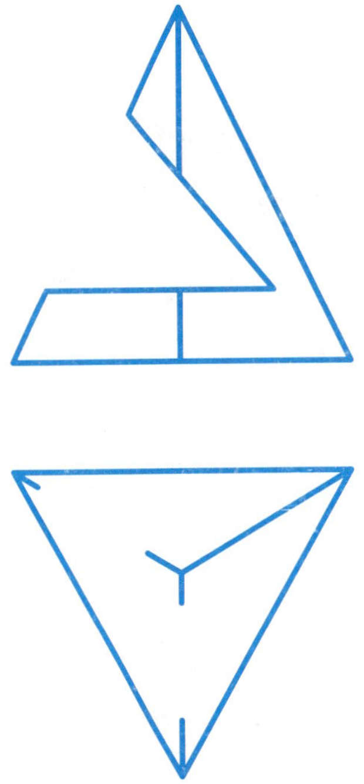

(6)

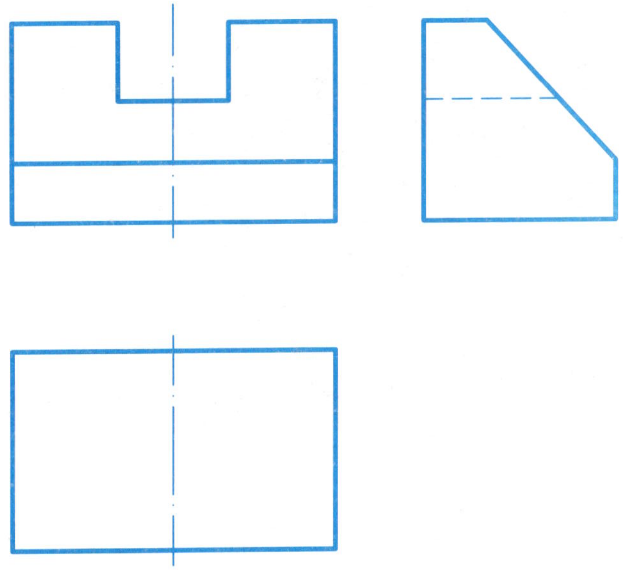

班级　　　　姓名

3-1 求作截切立体的三面投影（续一）。

(7)

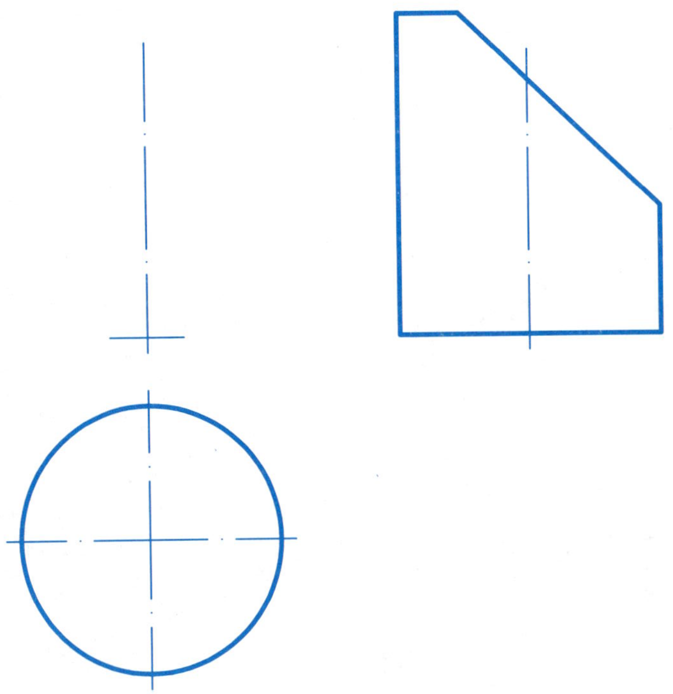

(8)

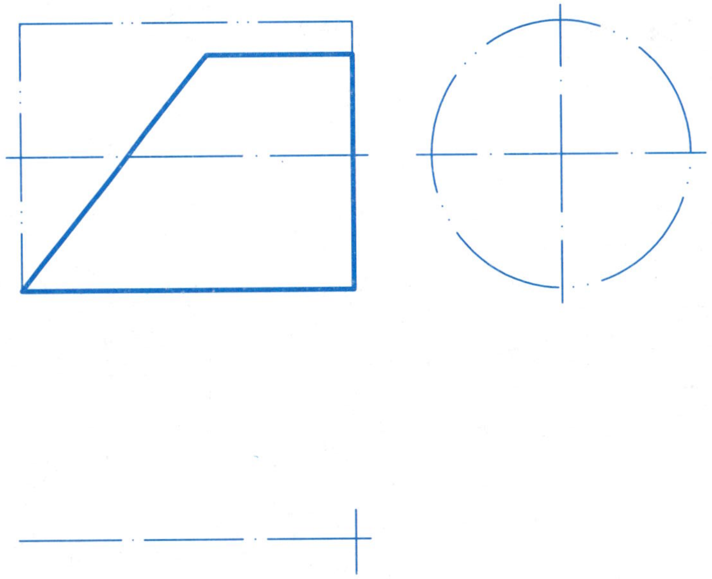

(9)

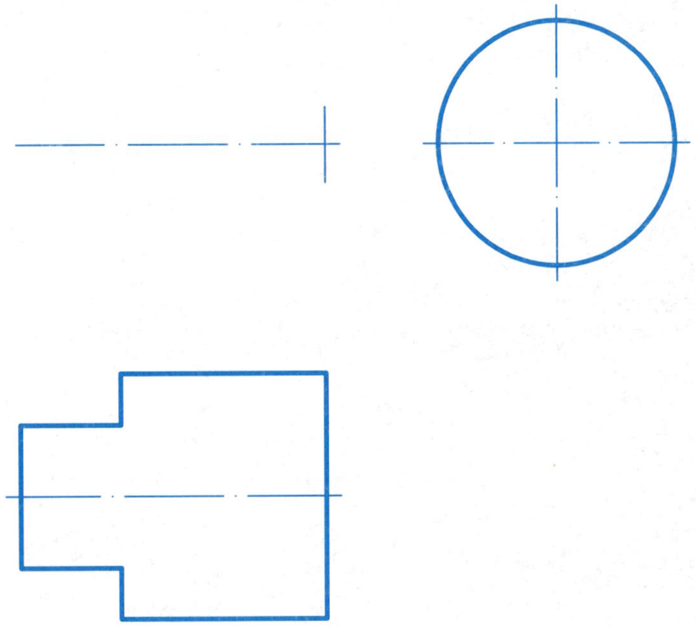

(10)

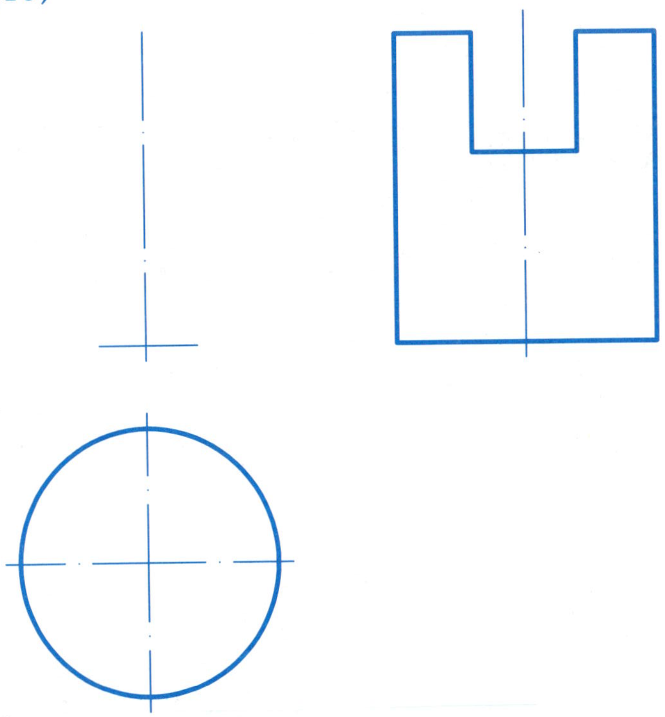

(11)

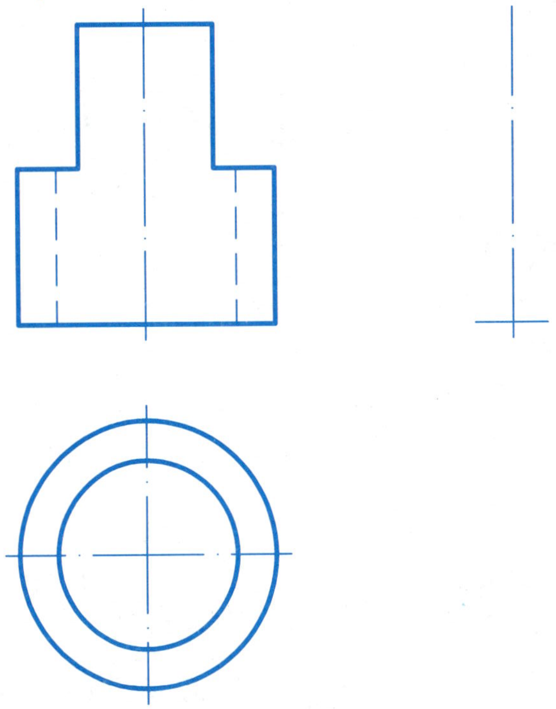

(12)

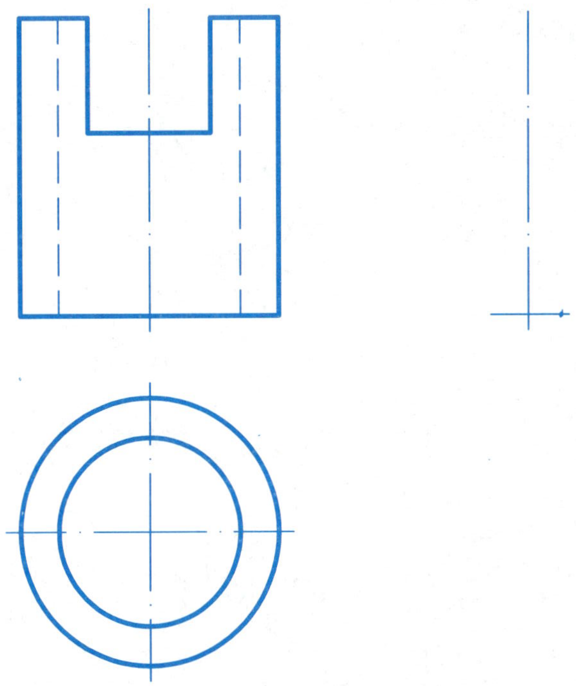

班级　　　　　姓名

3-1 求作截切立体的三面投影（续二）。

(13)

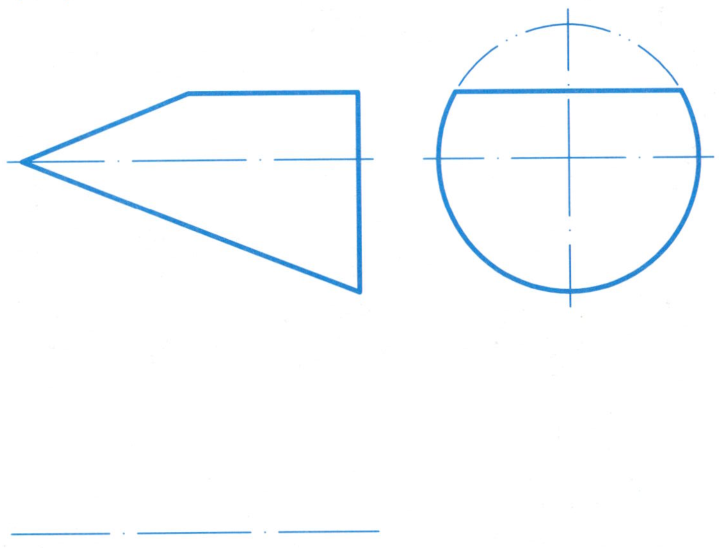

(14)

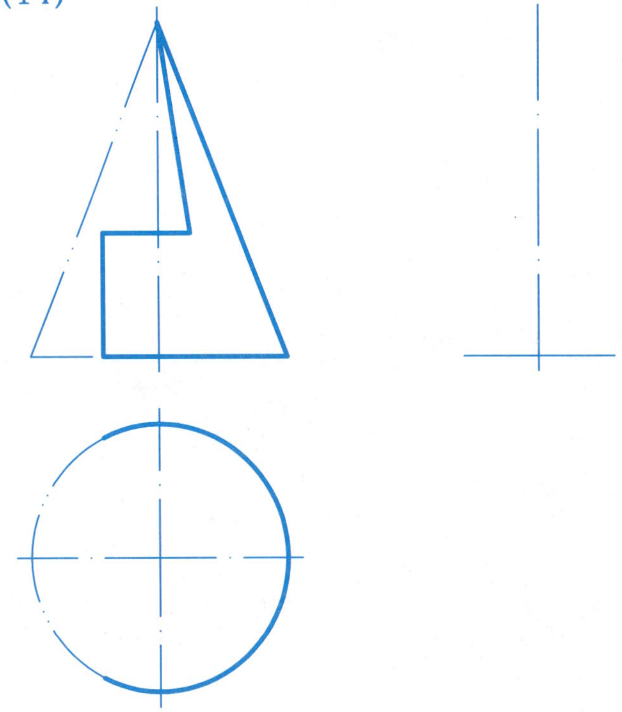

(15)

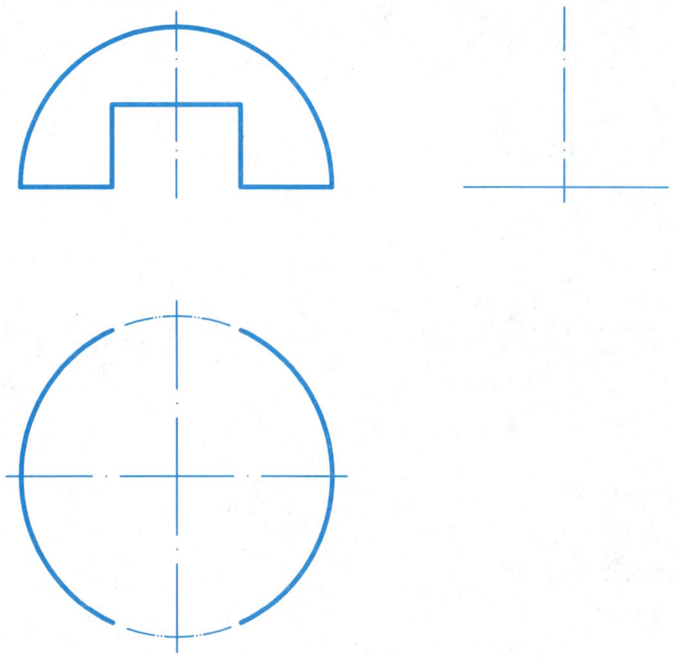

(16)

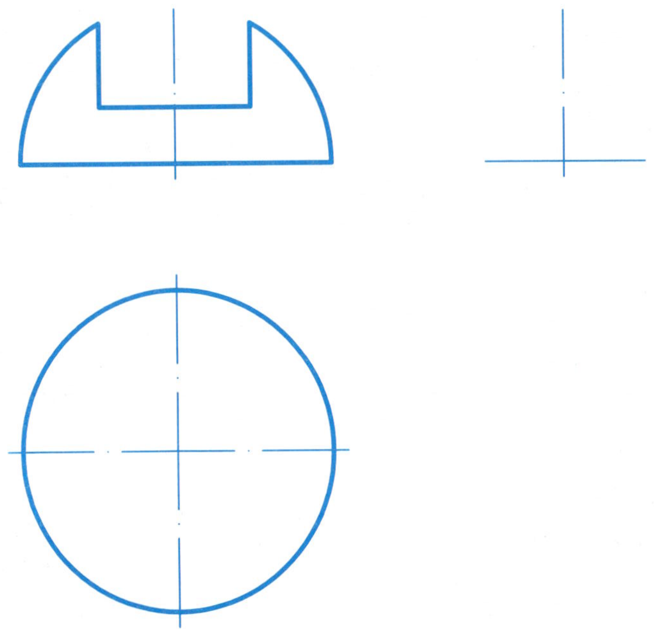

(17)

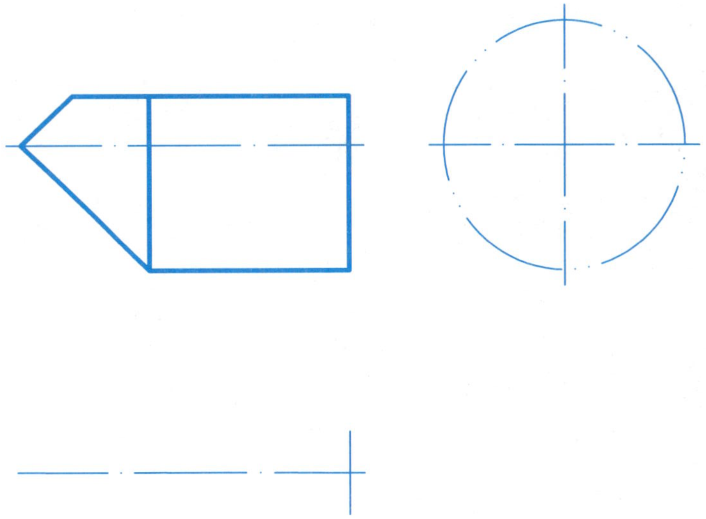

(18)

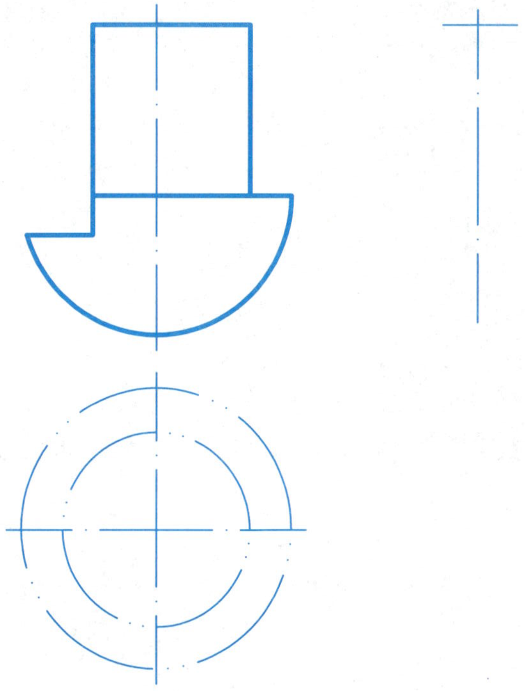

班级　　　　姓名

3-2 求作相贯立体的三面投影。

(1)

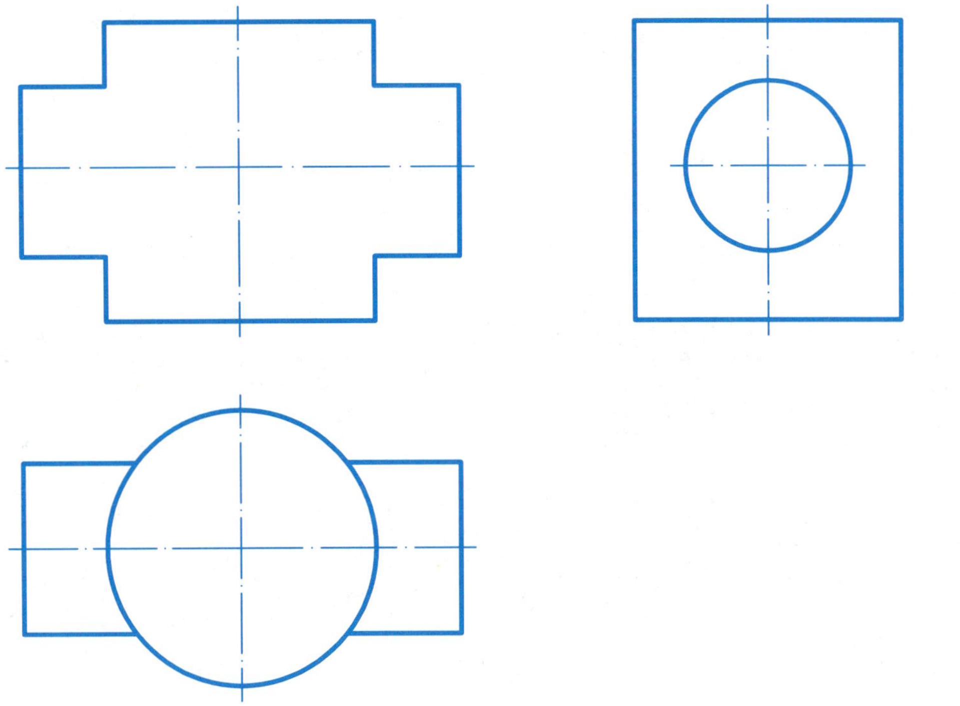

(2)

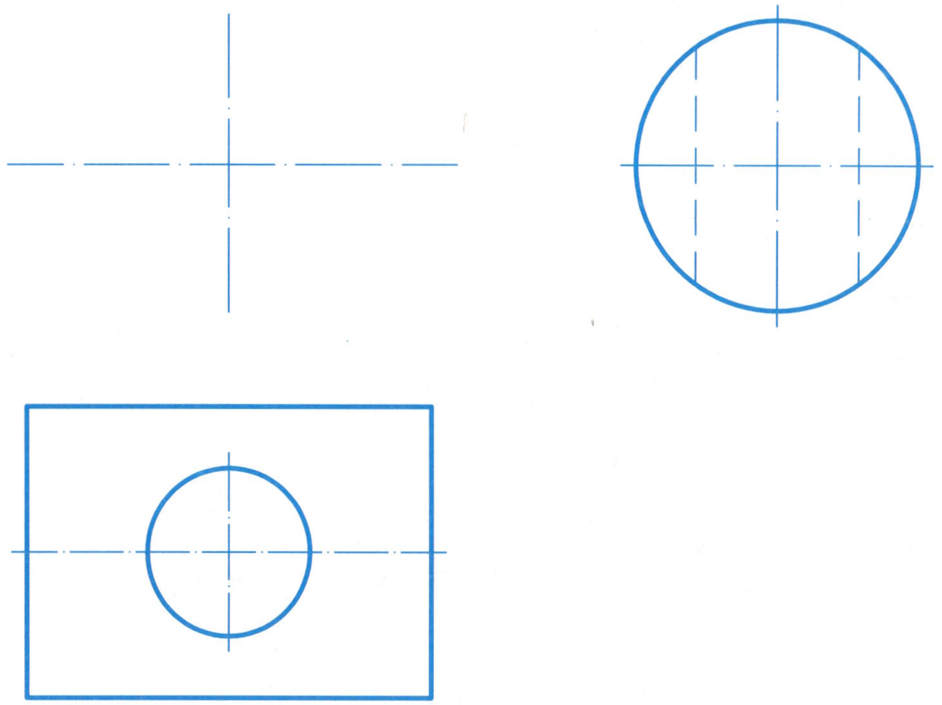

(3)

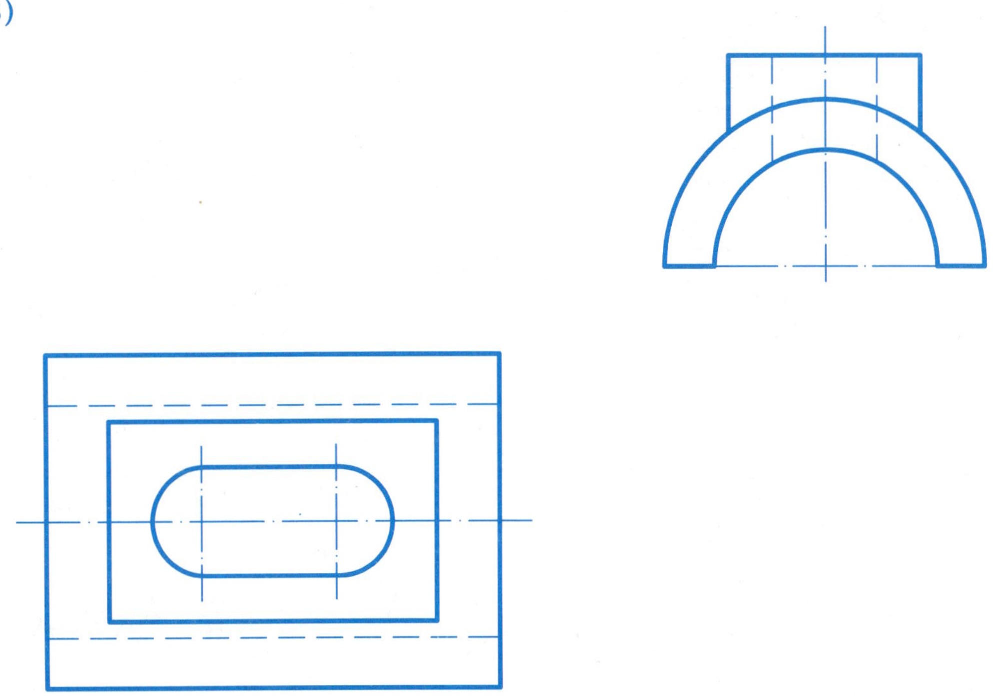

(4)

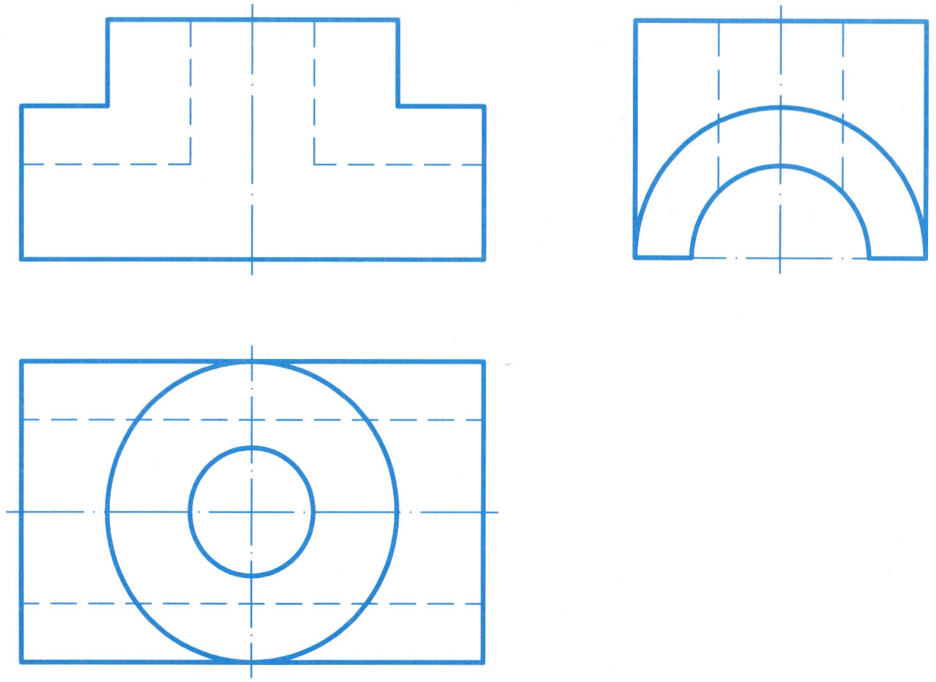

3-2 求作相贯立体的三面投影（续一）。

(5)

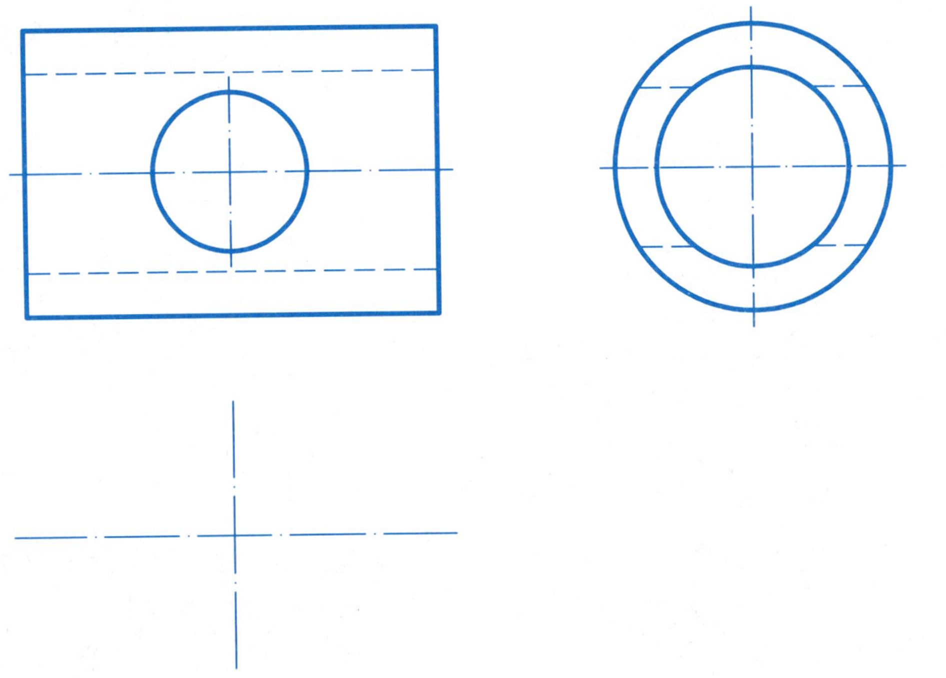

(6)

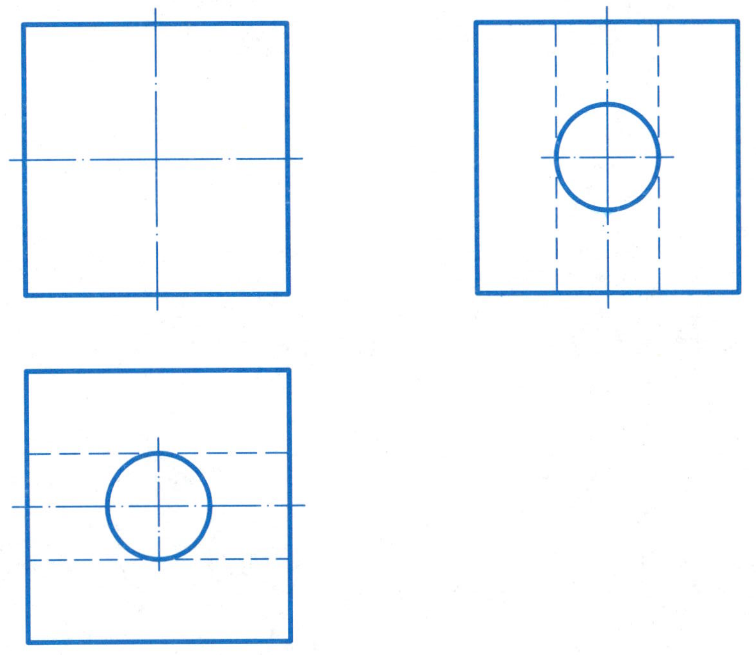

(7)

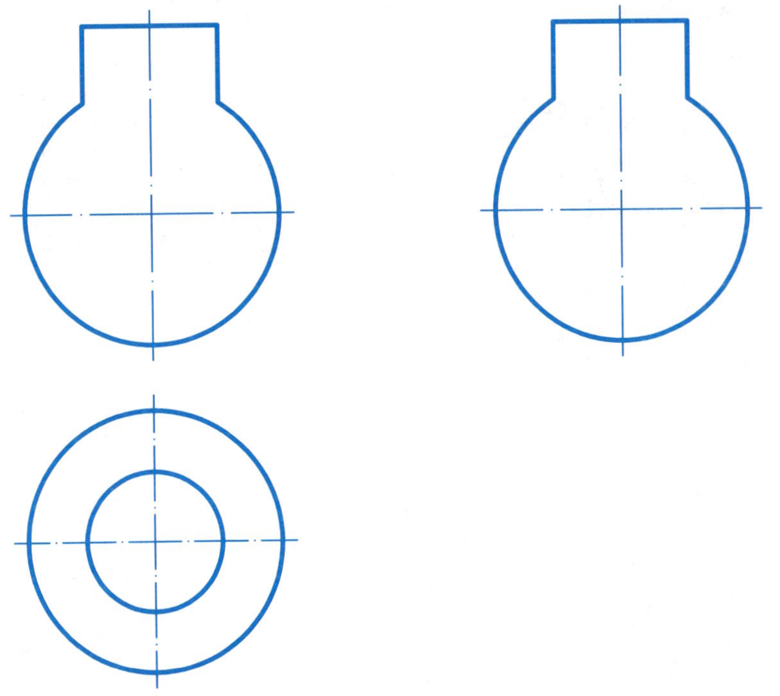

(8)

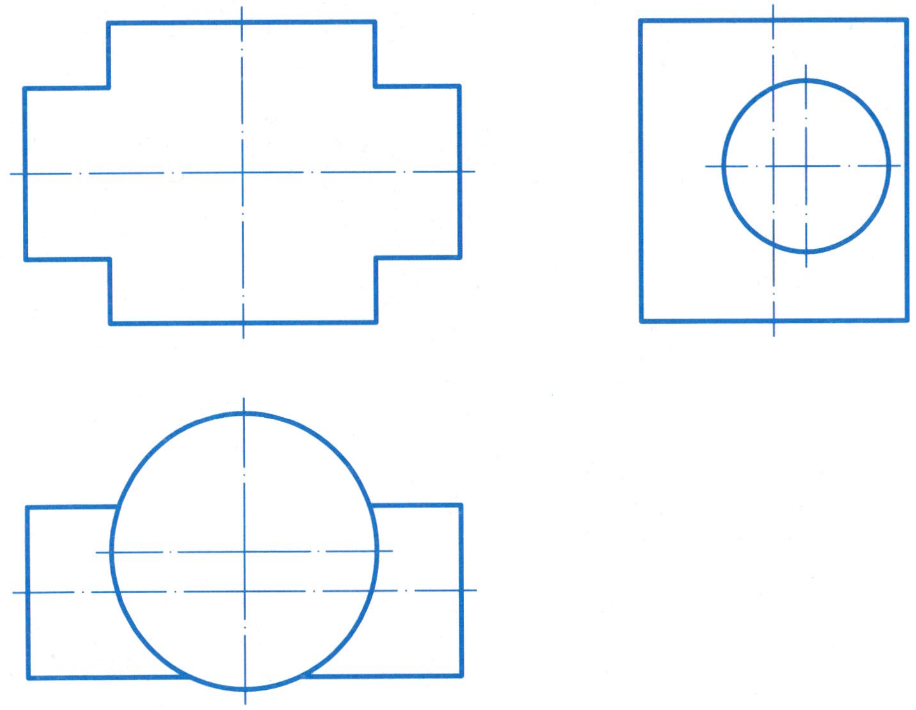

3-2 求作相贯立体的三面投影（续二）。

(9)

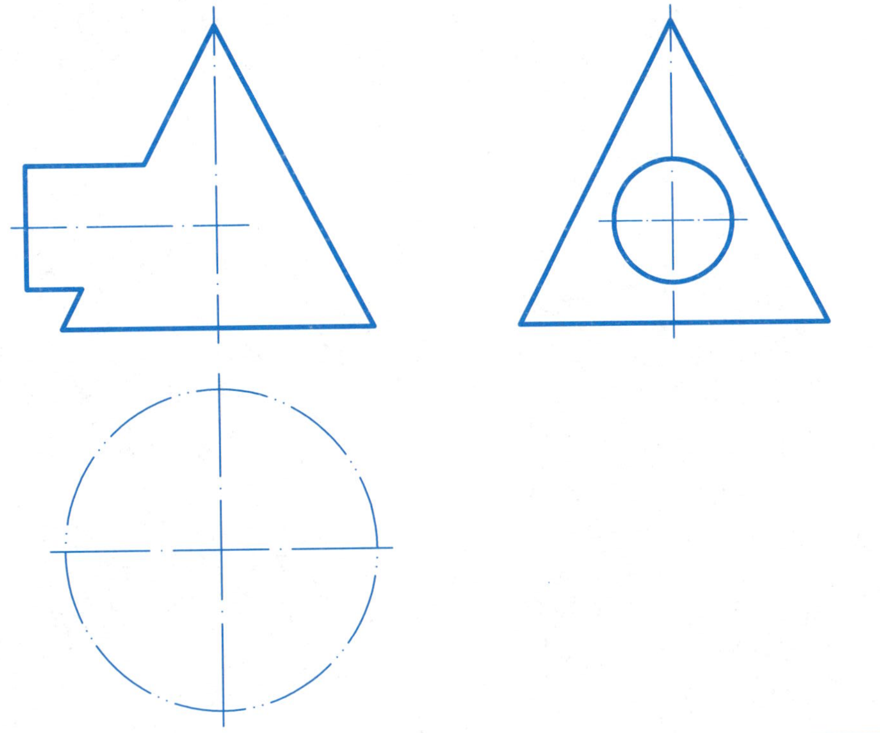

(10)

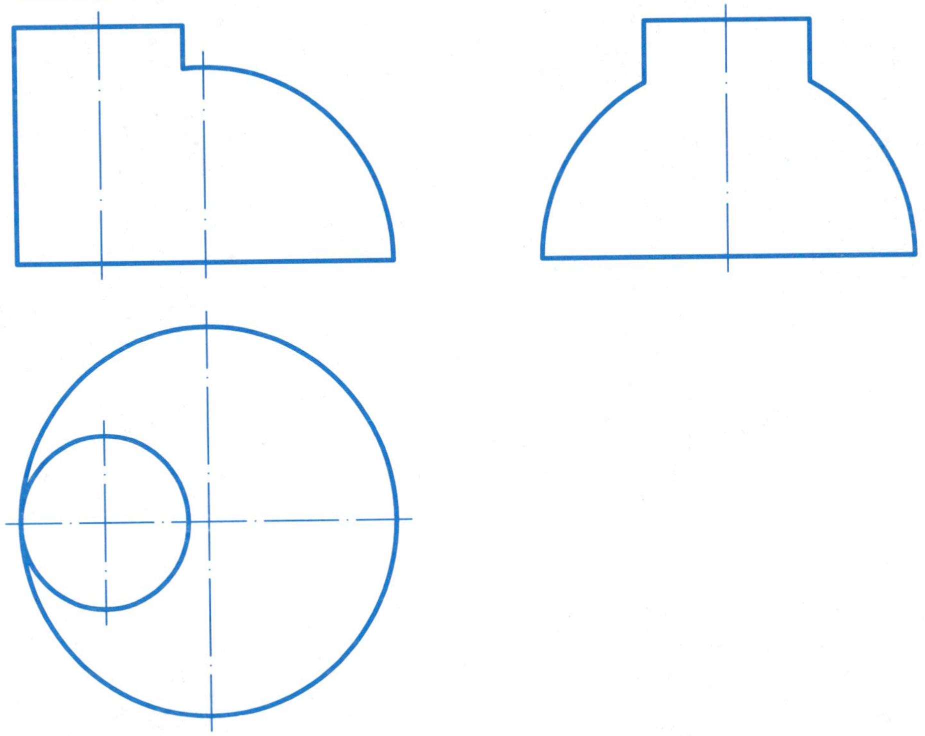

(11)

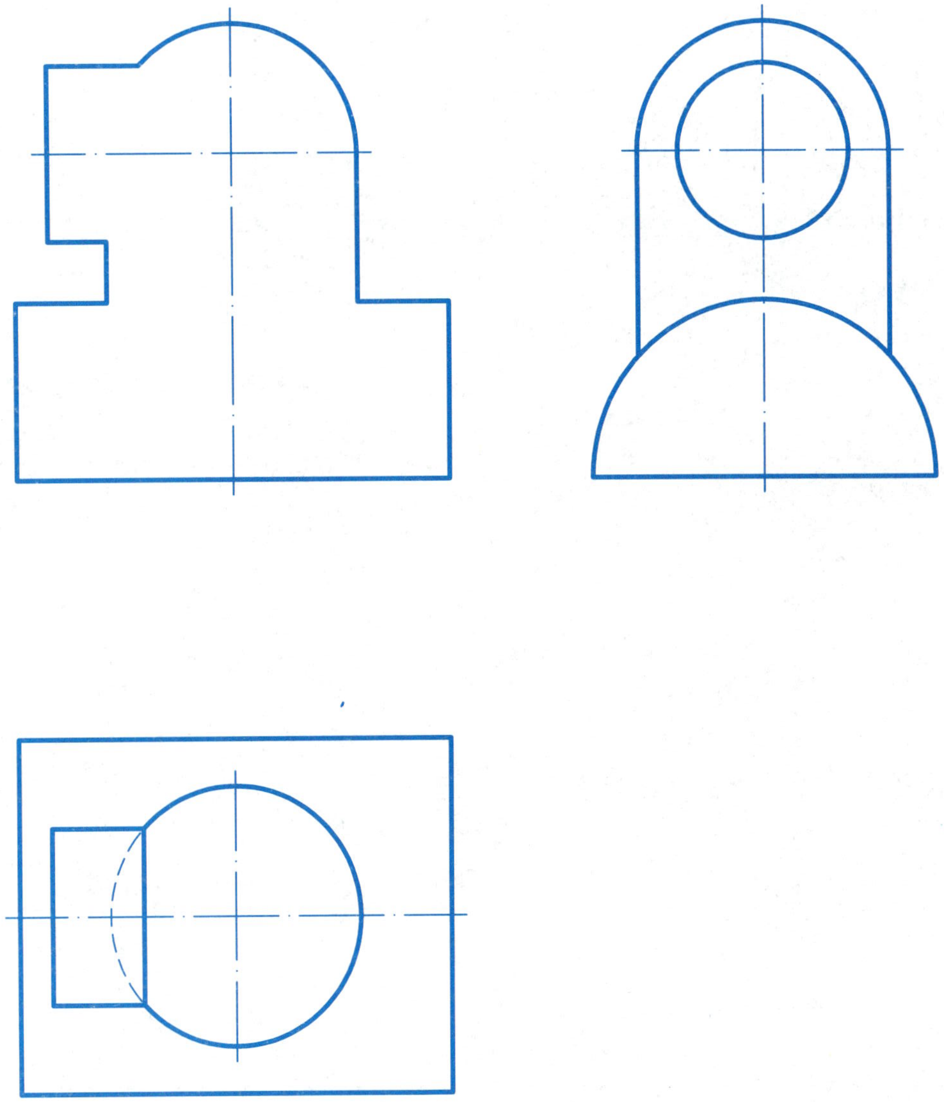

4-1 补全各主视图中所缺的图线。

(1)

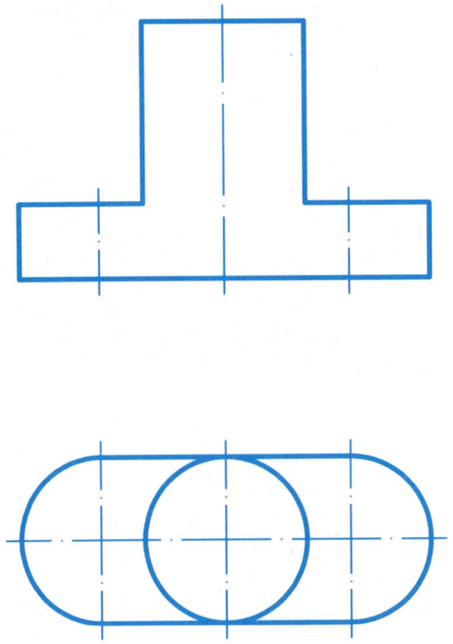

(2)

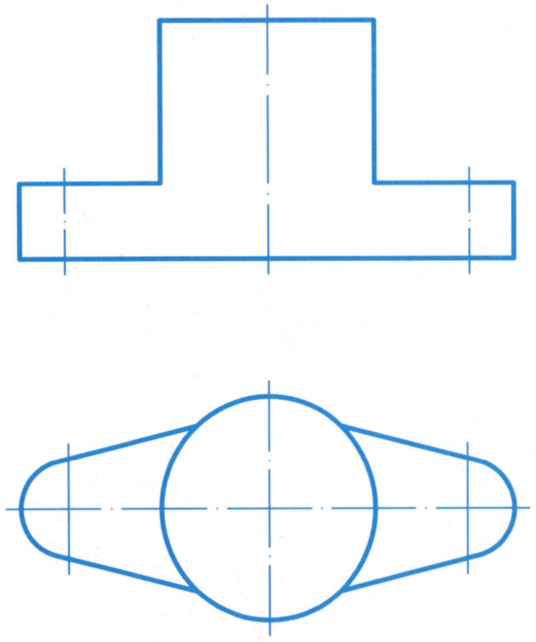

(3)

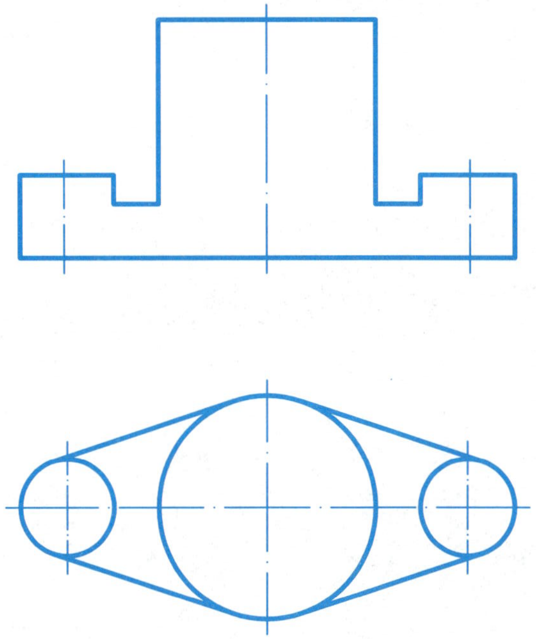

(4)

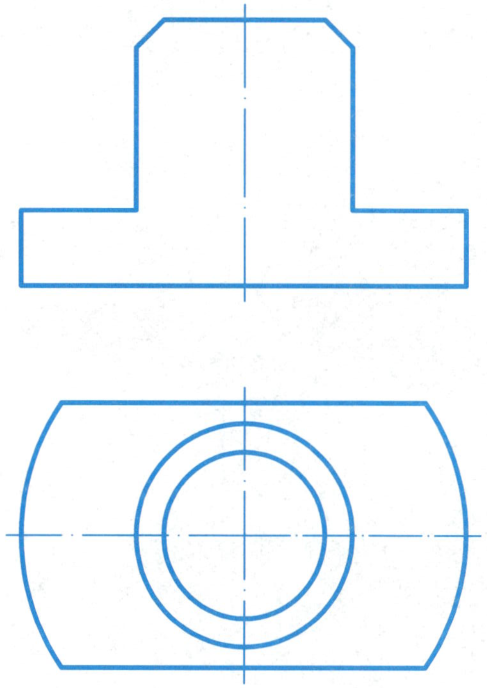

(5)

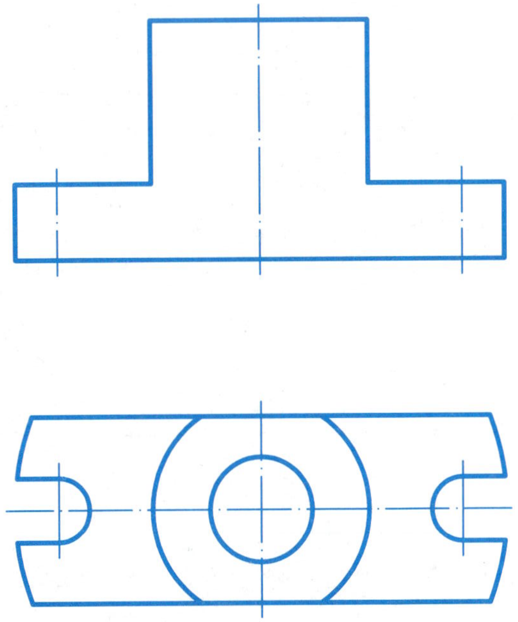

(6)

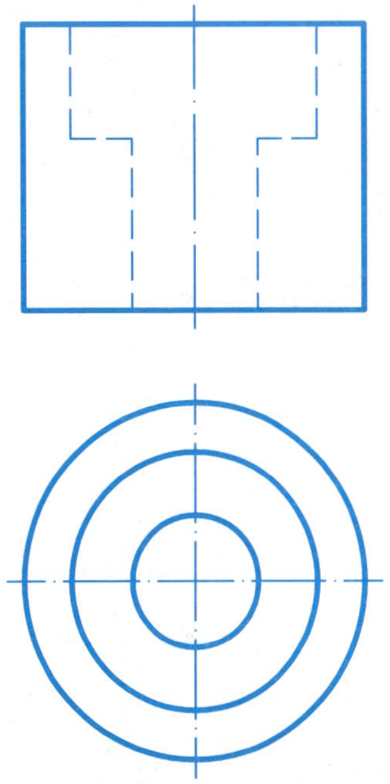

(7)

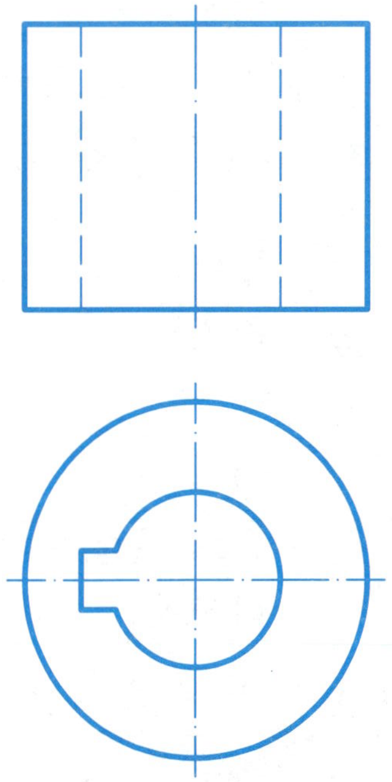

(8)

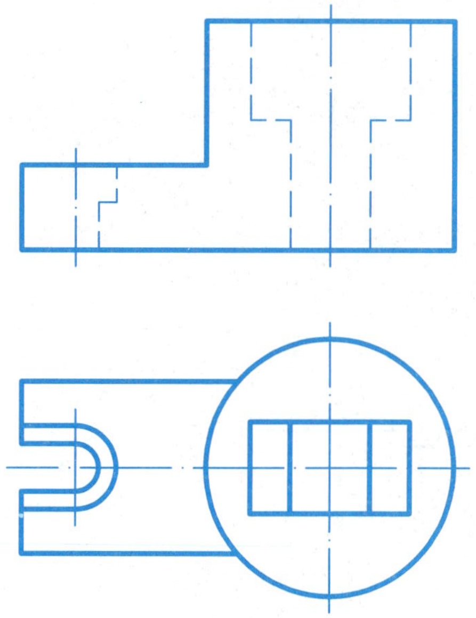

4-2 由组合体的轴测图画出三视图，并标注尺寸。

(1)

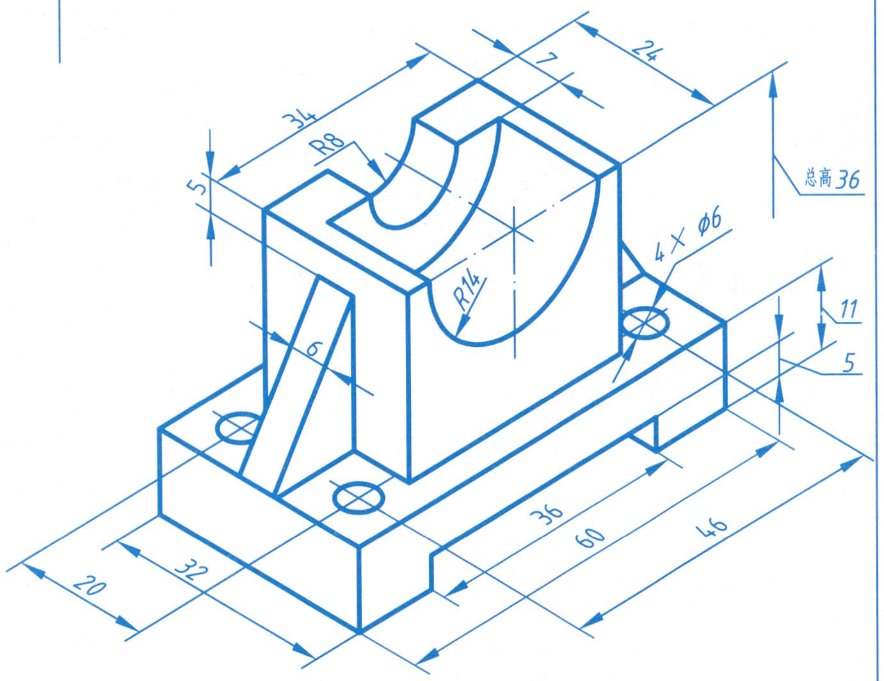

(2)

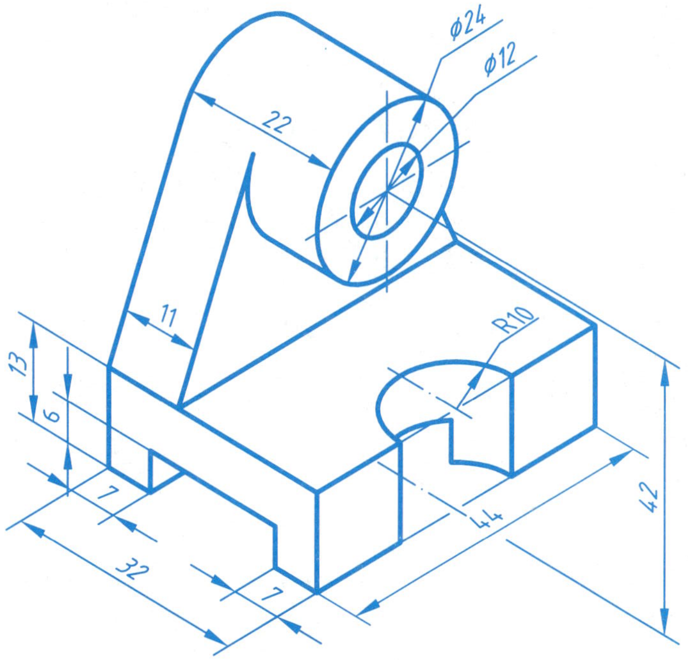

4-2 由组合体的轴测图画出三视图，并标注尺寸（续）。

(3)

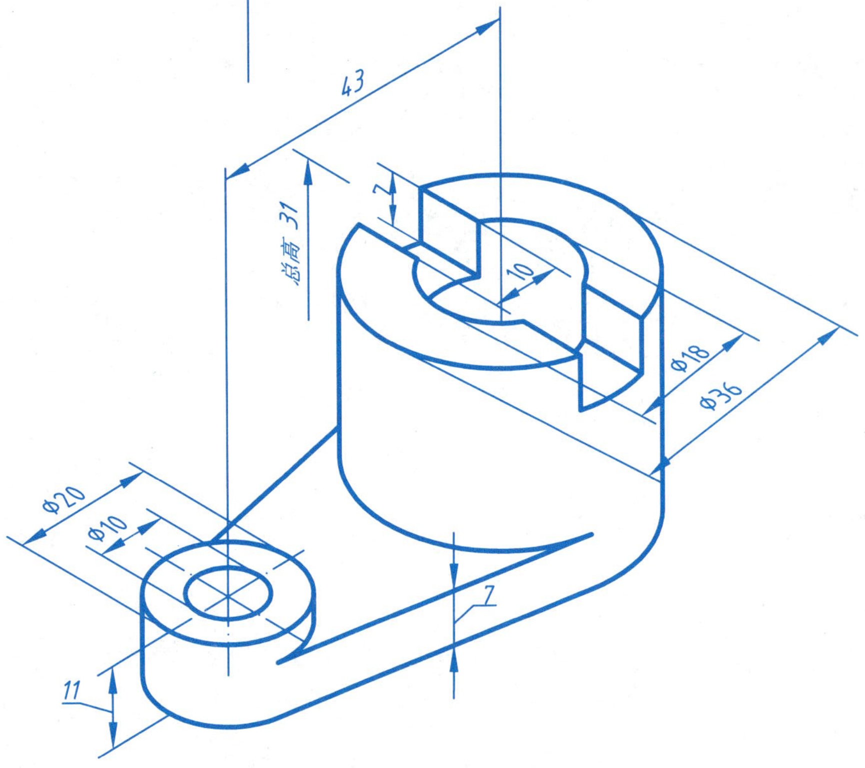

(4)

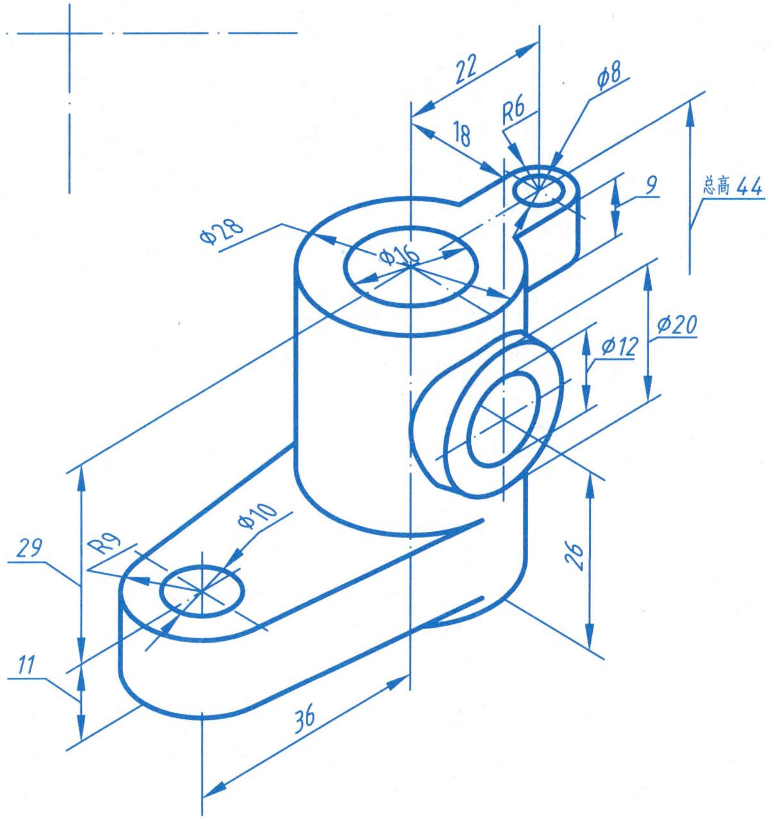

4-3 由组合体的两个视图，求第三视图。

(1)

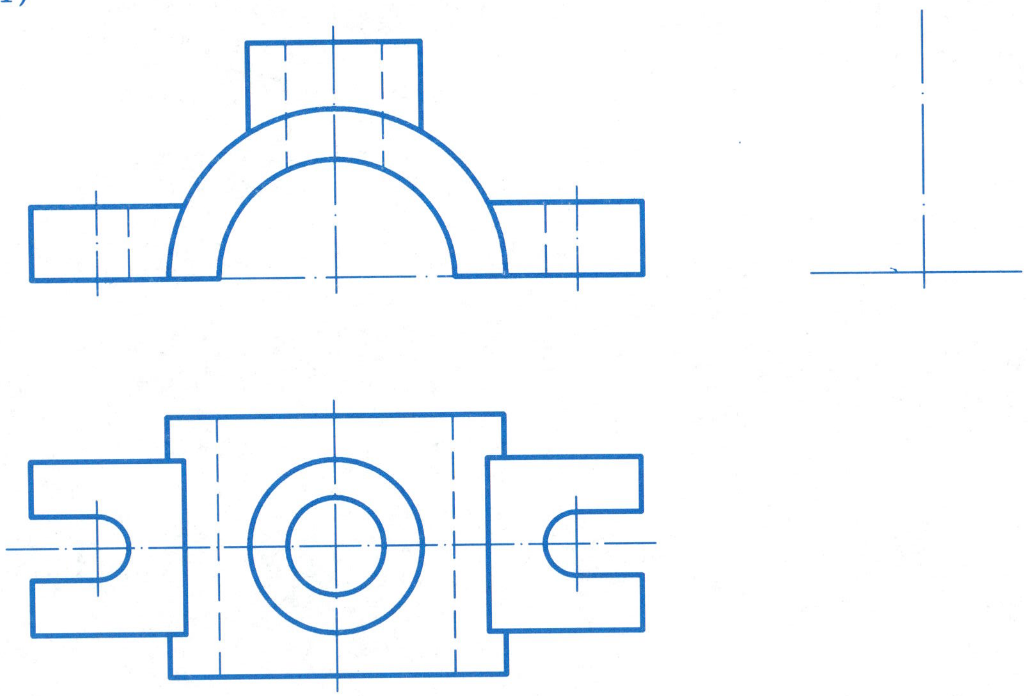

(2)

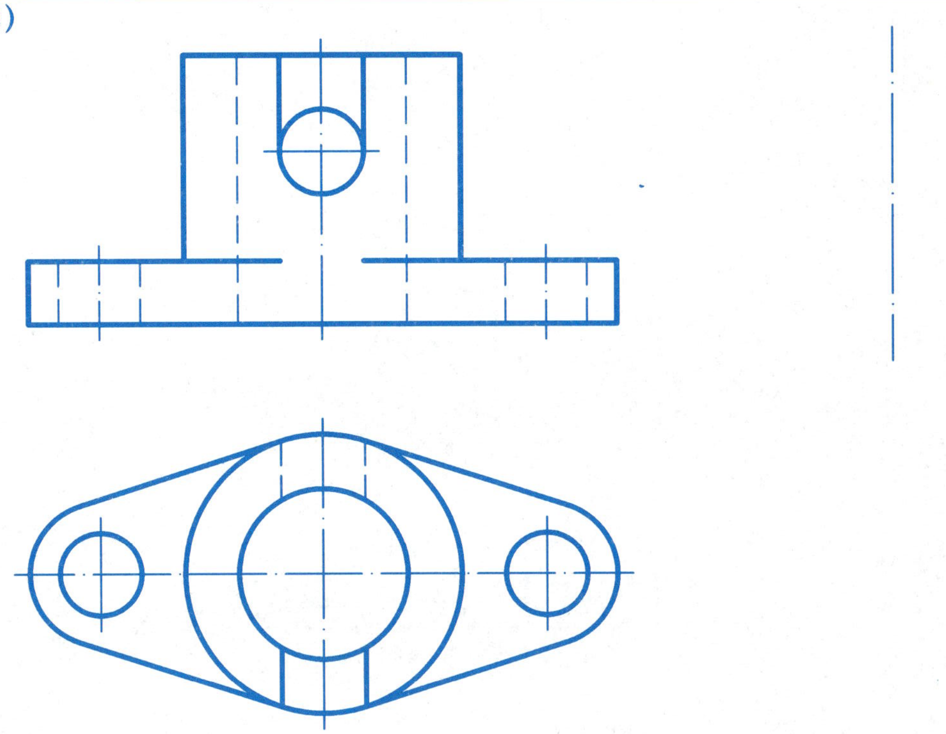

(3)

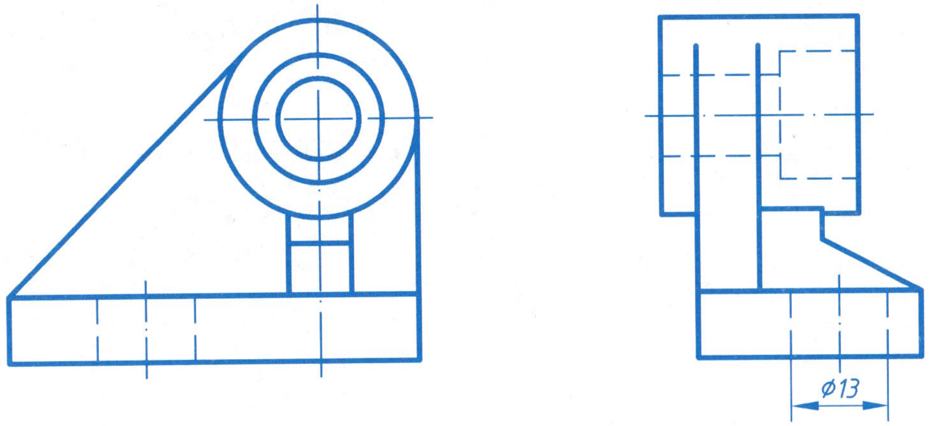

(4)

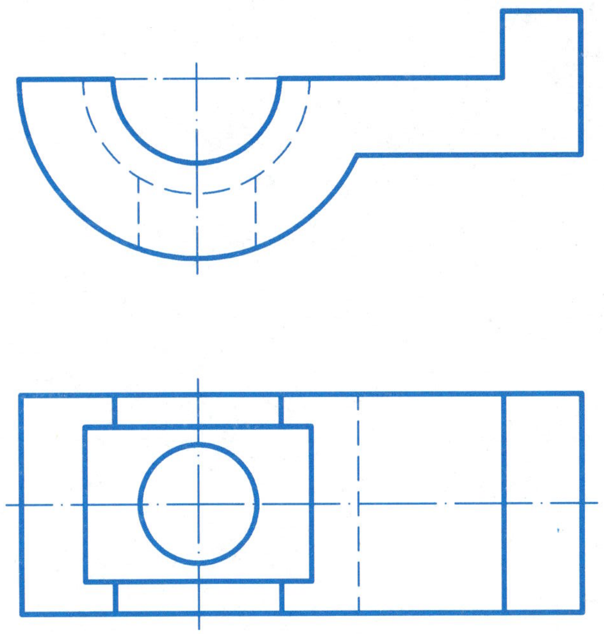

4-3 由组合体的两个视图，求第三视图（续）。

(5)

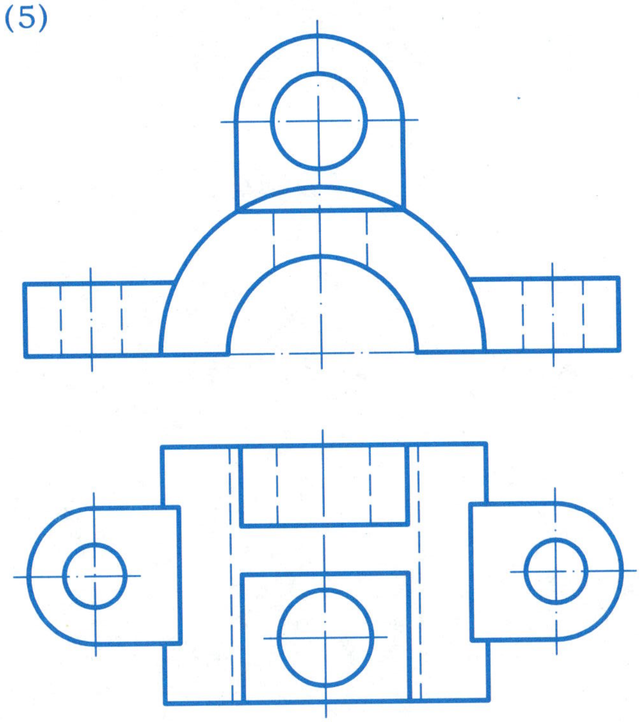

(6)

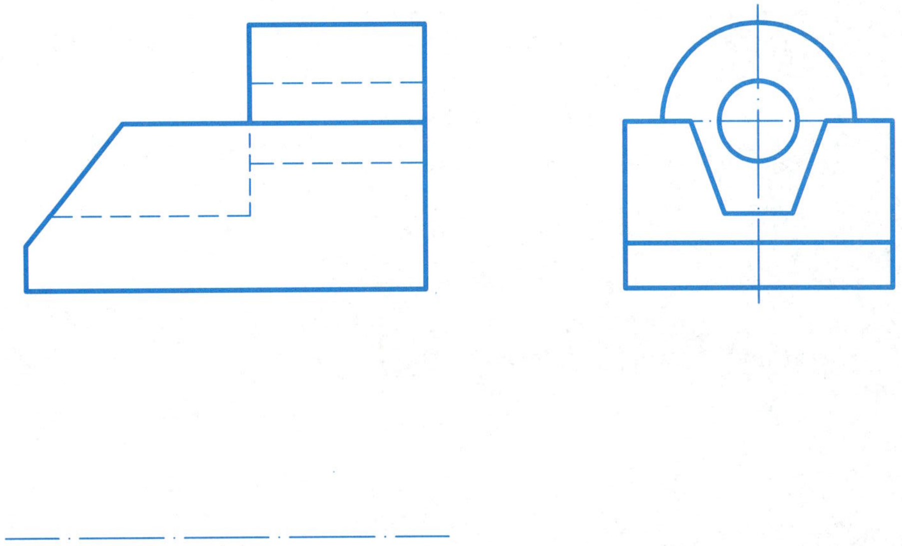

(7)

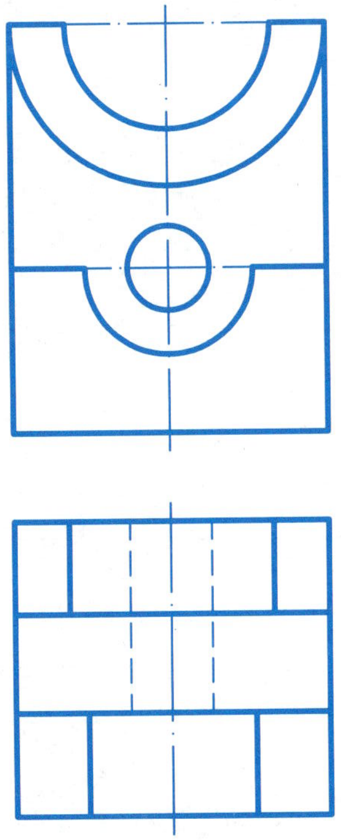

(8)

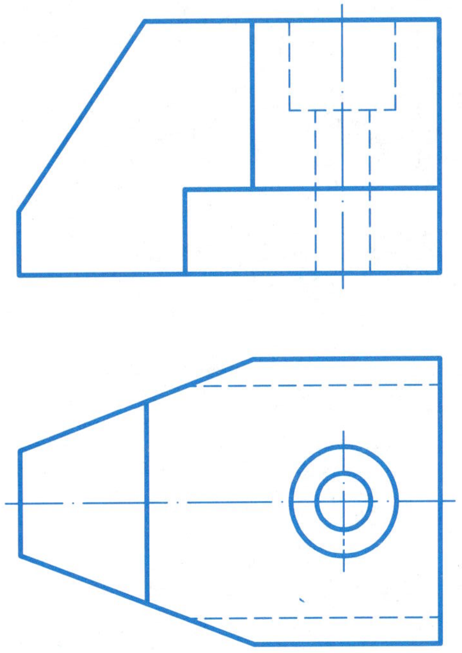

4-4 按1：1的比例标注组合体尺寸。

(1)

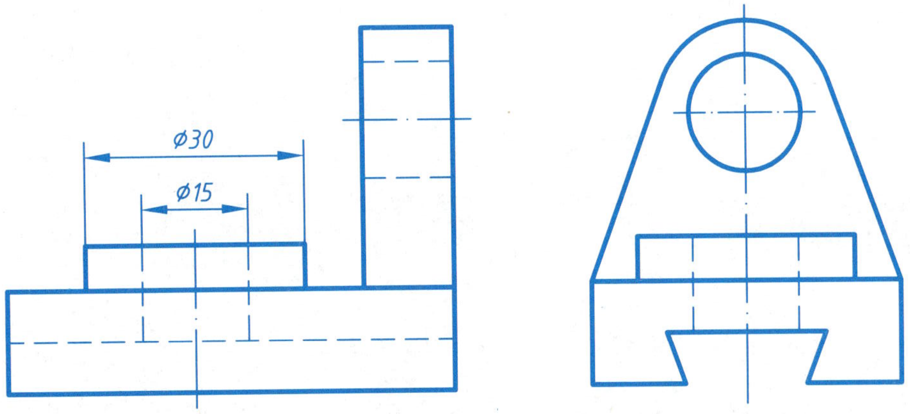

(2)

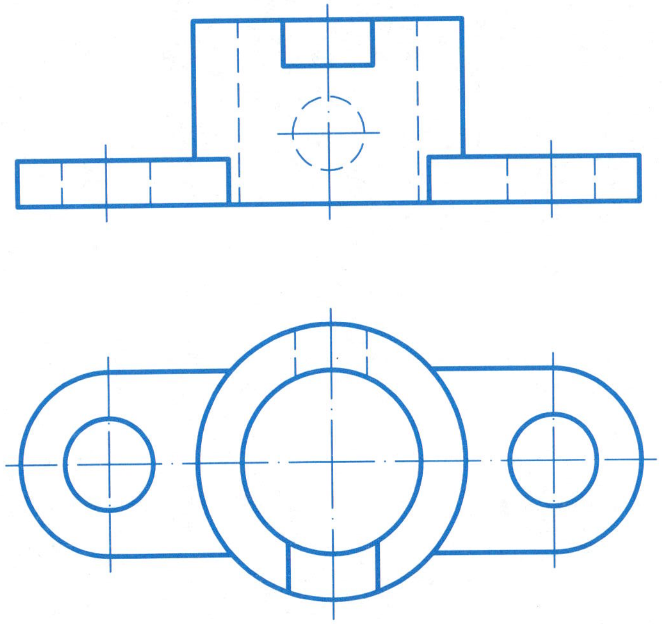

(3)

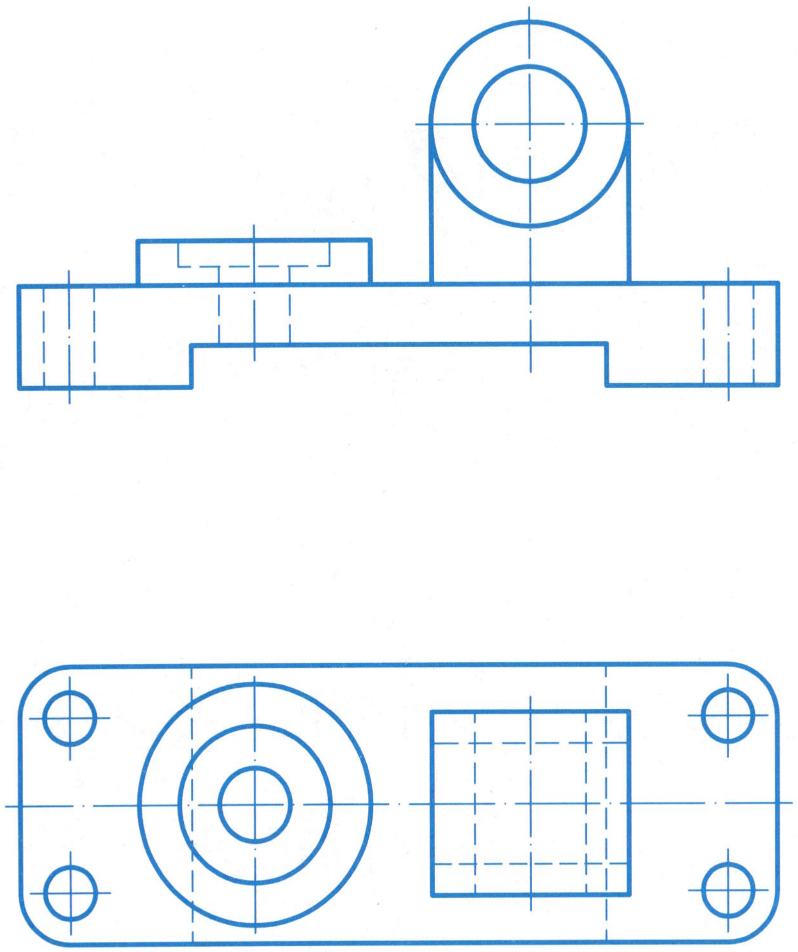

班级　　　　　　姓名

4-5 根据主视图和俯视图，画出第三视图，将组合体的三视图按1：1画在A3幅面的图纸上，并标注尺寸（尺寸数值按1：1的比例从图中量取整数）。

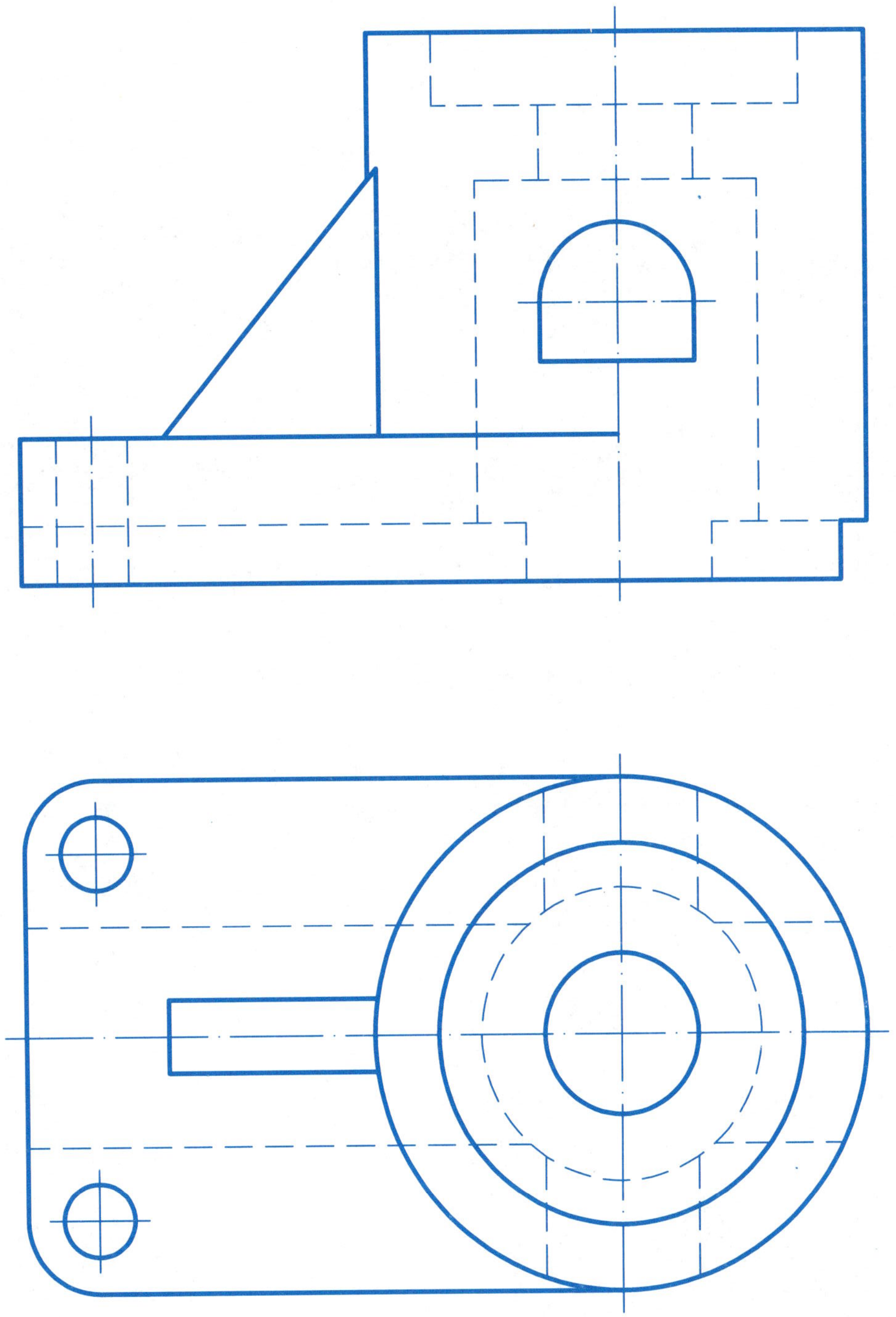

班级　　　　　　姓名

4-6 根据给出的轴测图和俯视图，画全组合体的三视图，将组合体的三视图按1：1的比例画在A3幅面的图纸上，并标注尺寸。

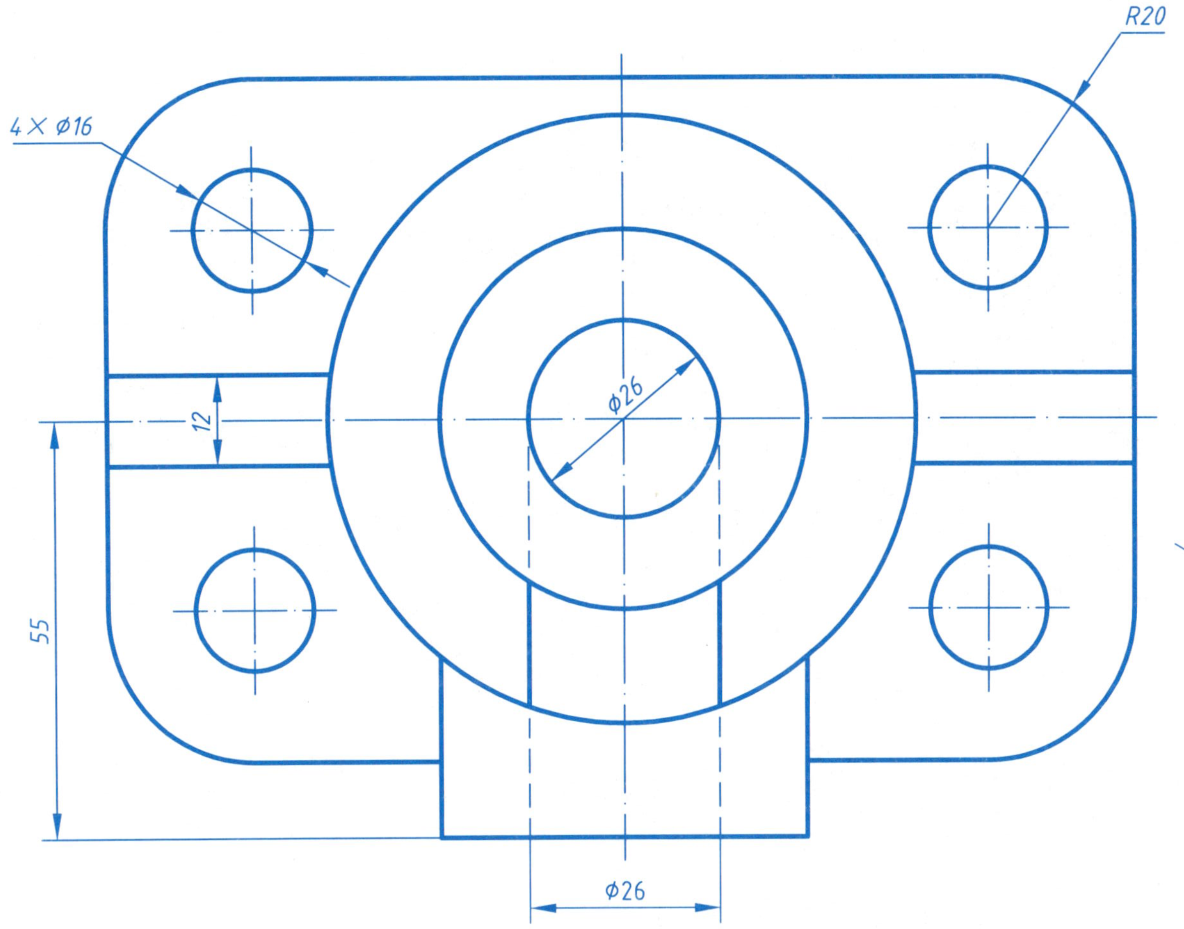

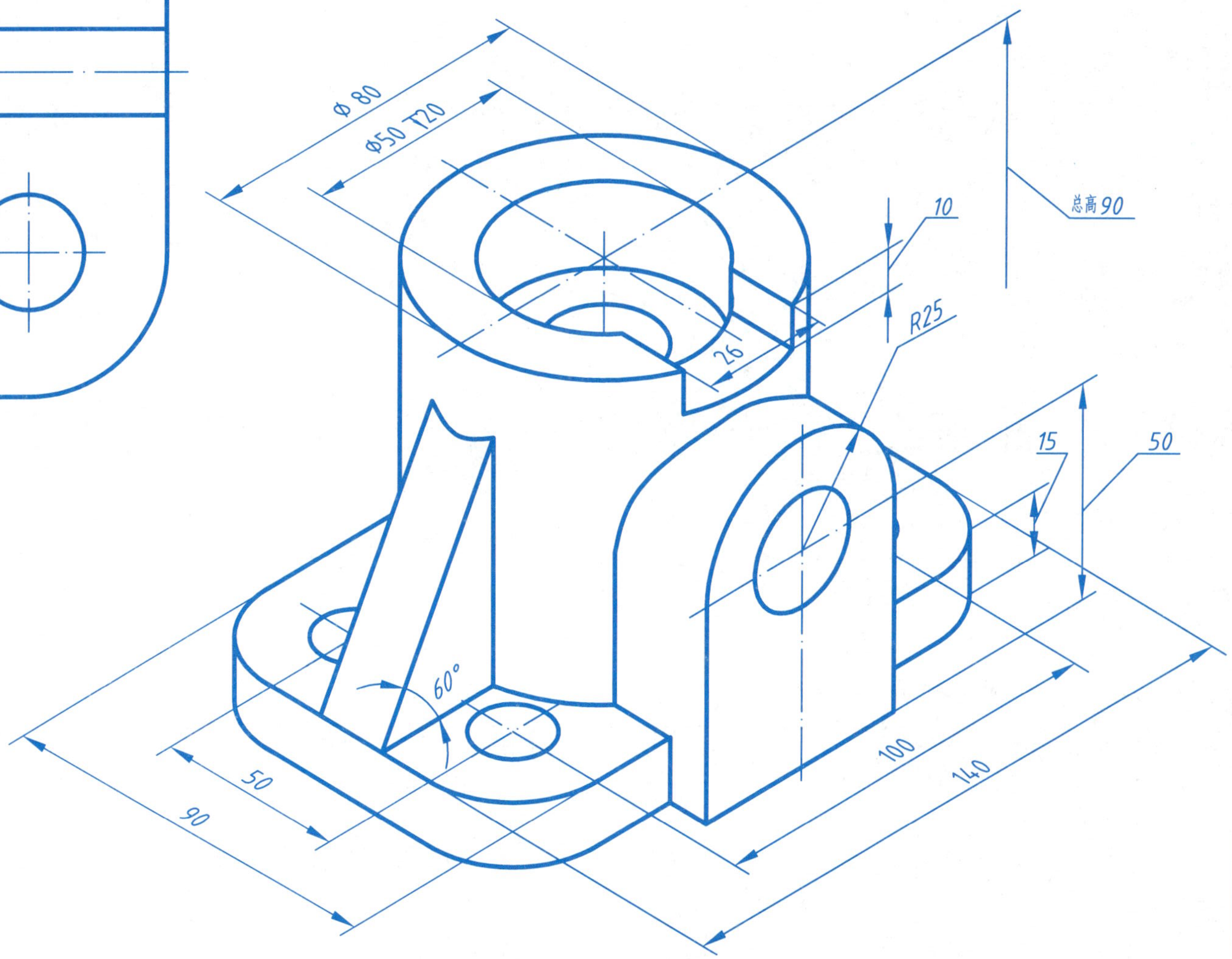

班级　　　　姓名

5-1 根据视图画正等轴测图。

(1)

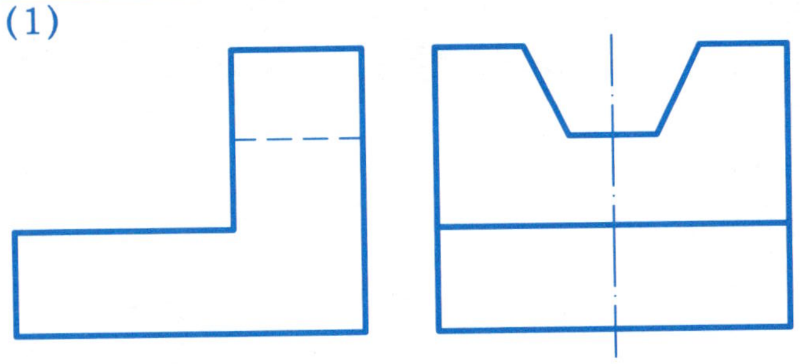

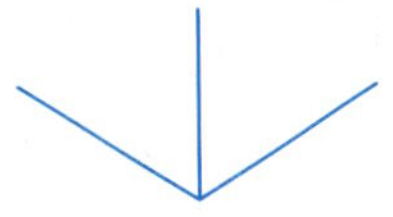

(2)

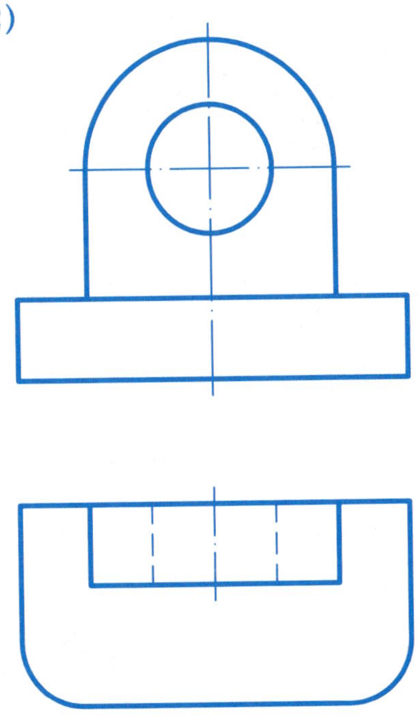

5-2 根据视图画斜二等轴测图。

(1)

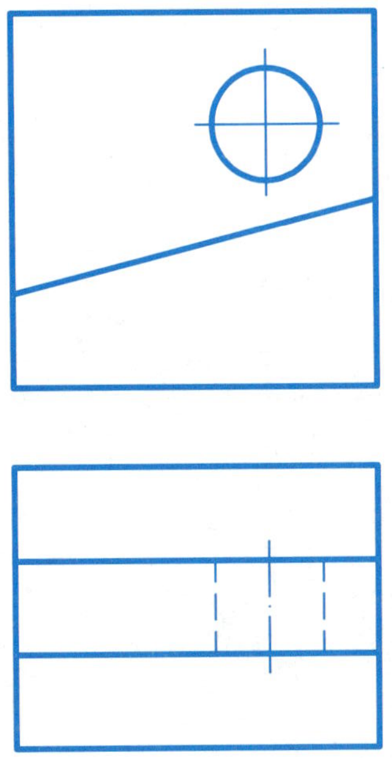

(2)

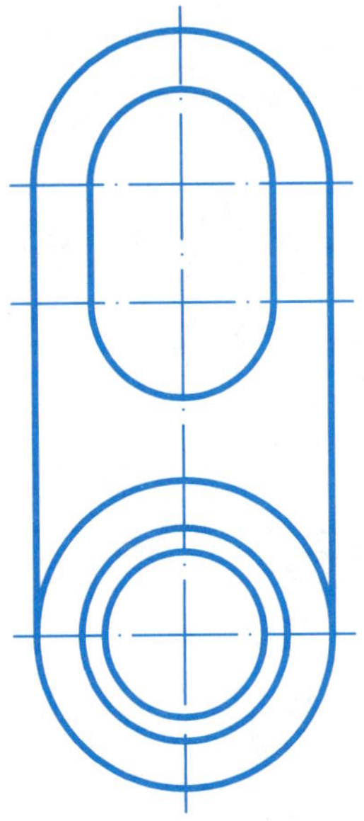

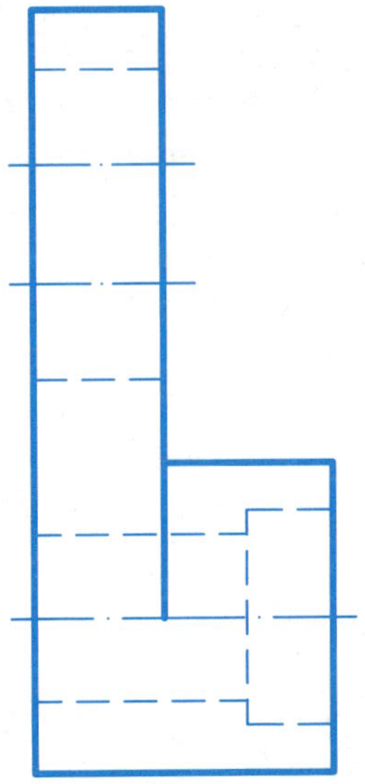

6-1 根据物体的主、俯、左视图，画出其他基本视图。

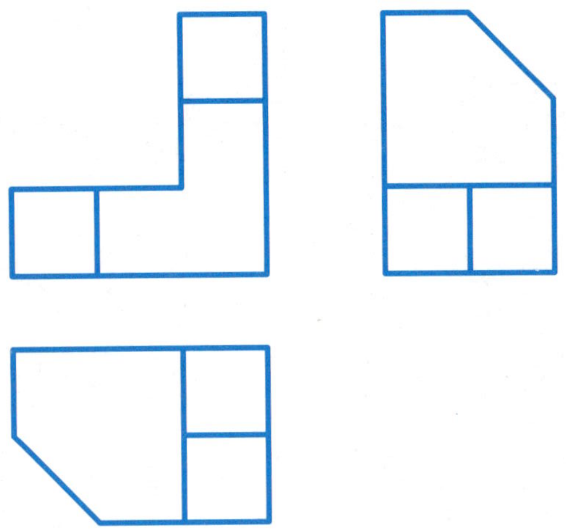

6-2 画出物体的A向局部视图和B向斜视图。

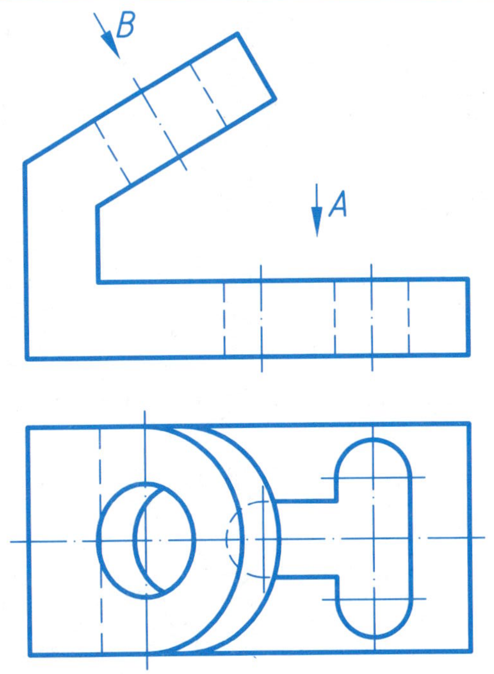

6-3 看懂物体的视图，作出必要的标注。

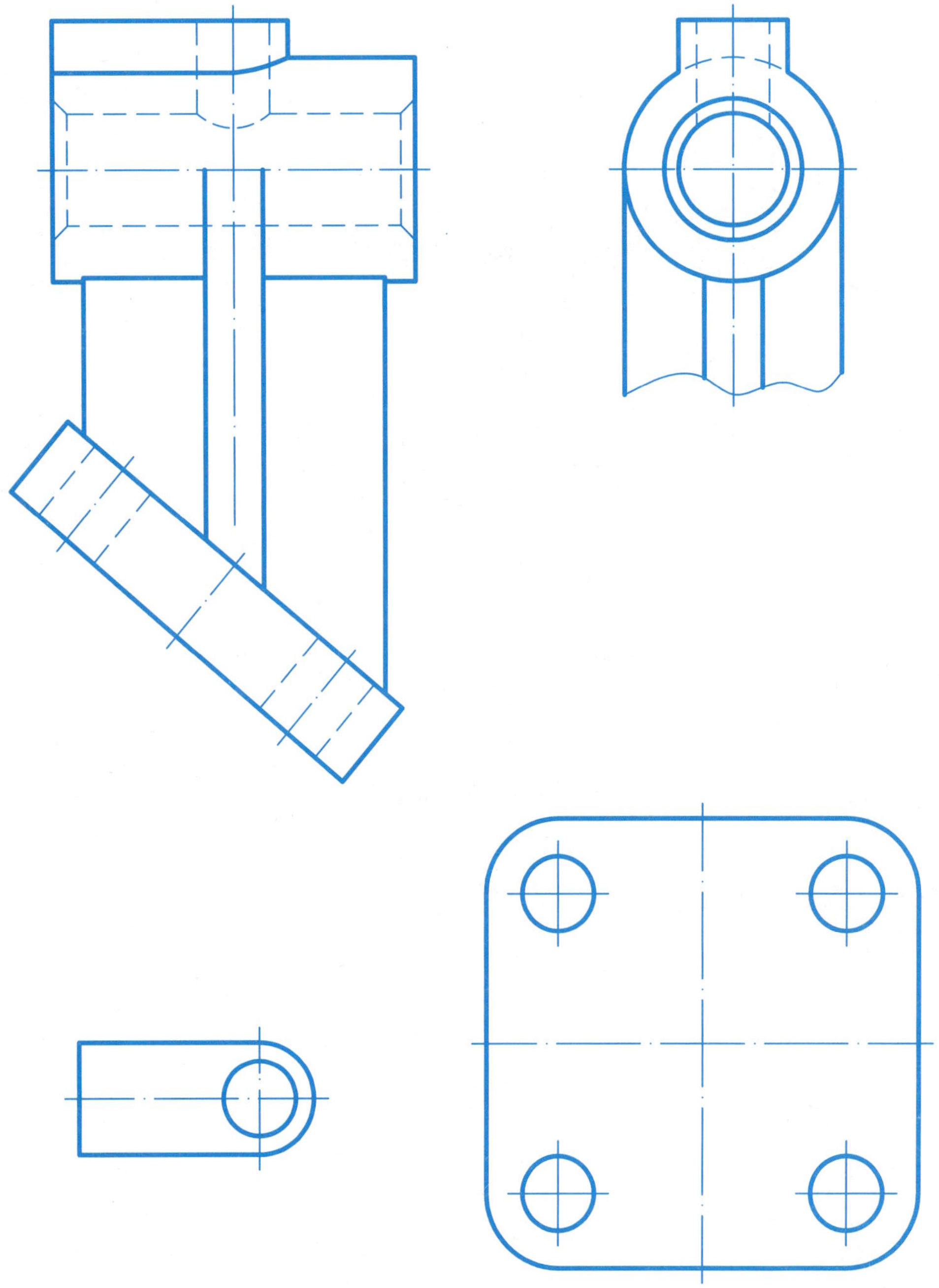

班级　　姓名

6-4 改正下列全剖视图的错误（不要的图线打“×”，缺少的图线补上）。

(1)

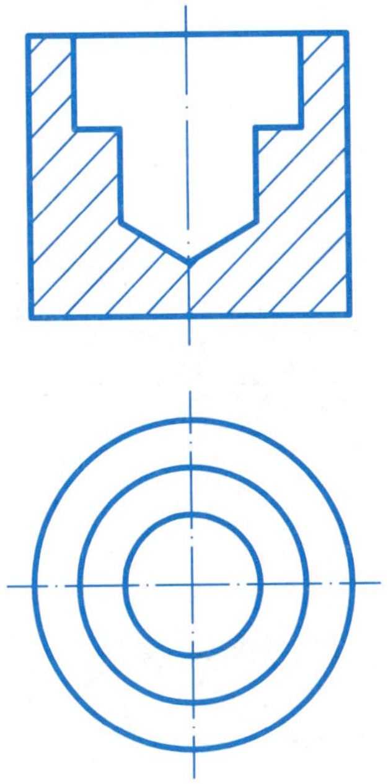

(2)

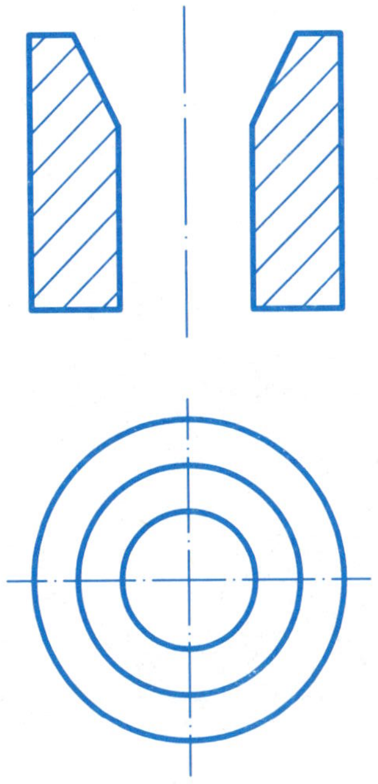

(3)

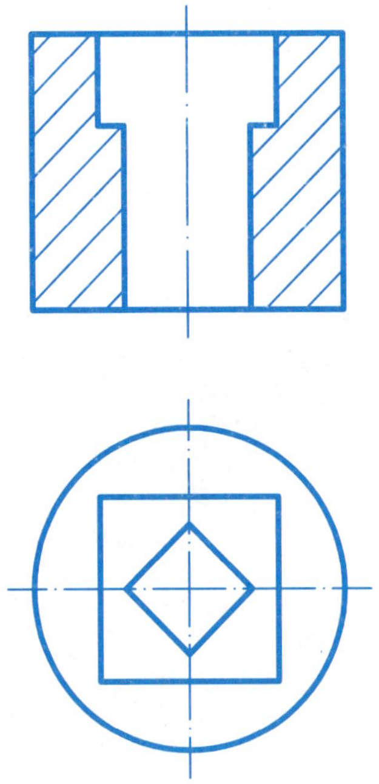

(4)

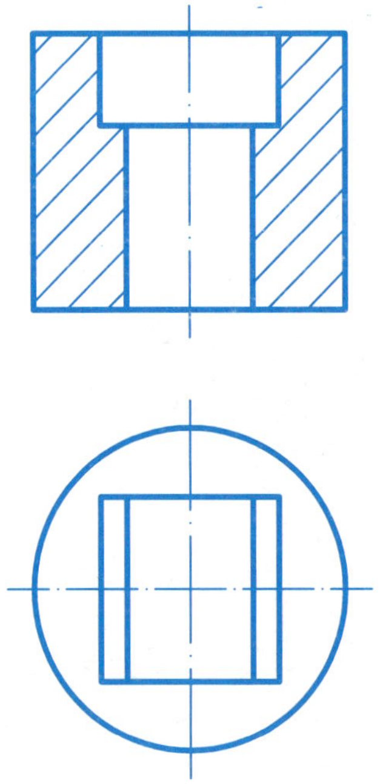

(5)

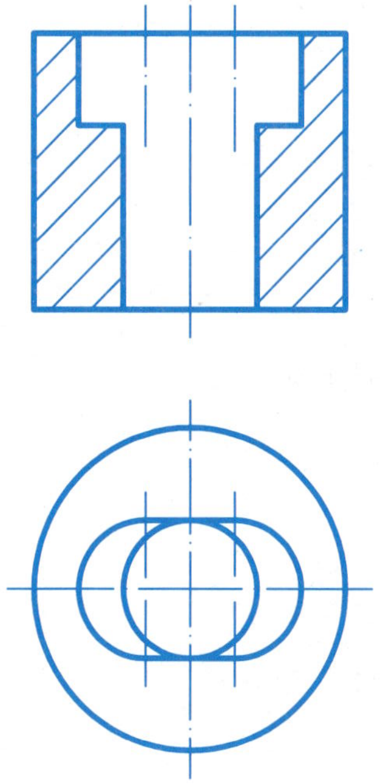

(6)

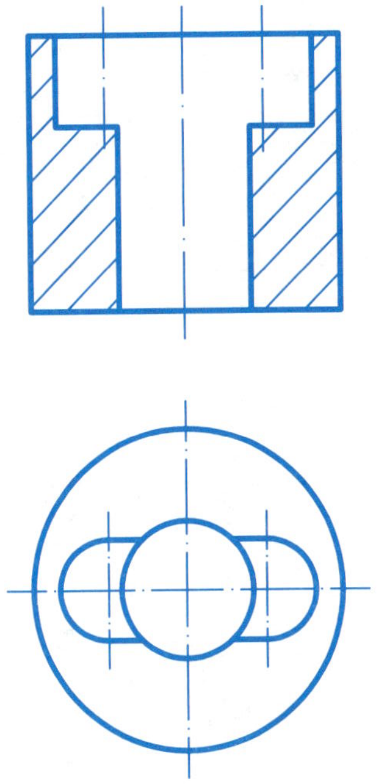

(7)

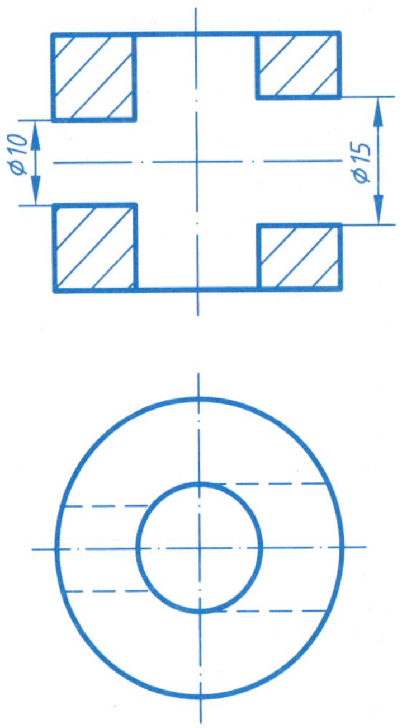

(8)

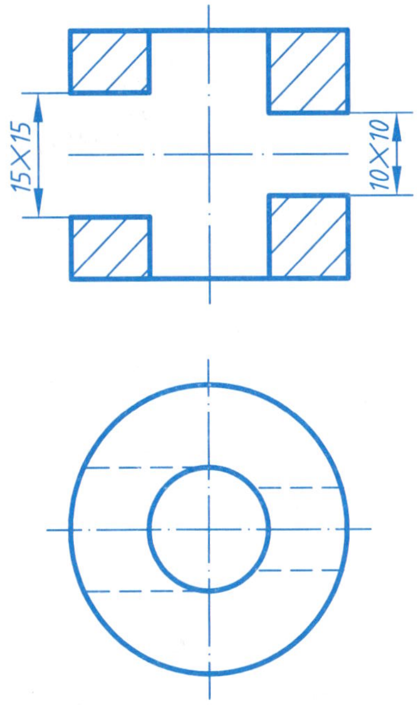

(9)

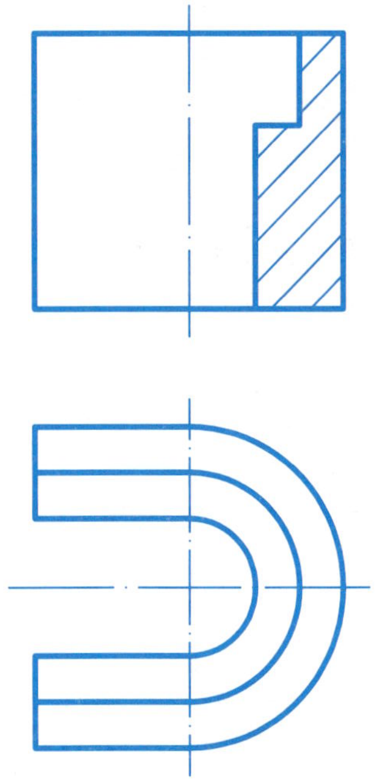

(10)

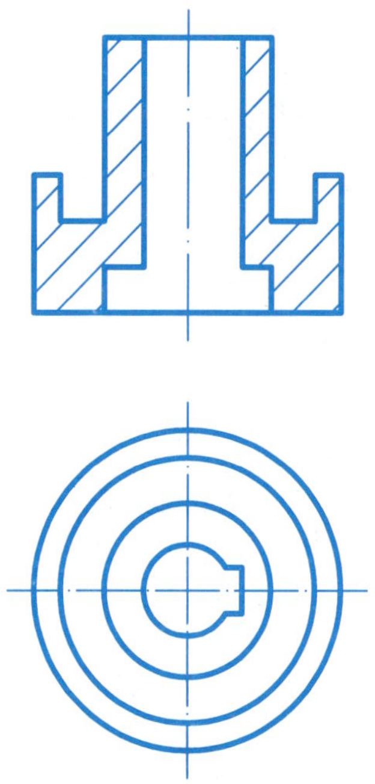

班级　　　　　　姓名

6-5 在指定位置上将主视图画成全剖视图。

(1)

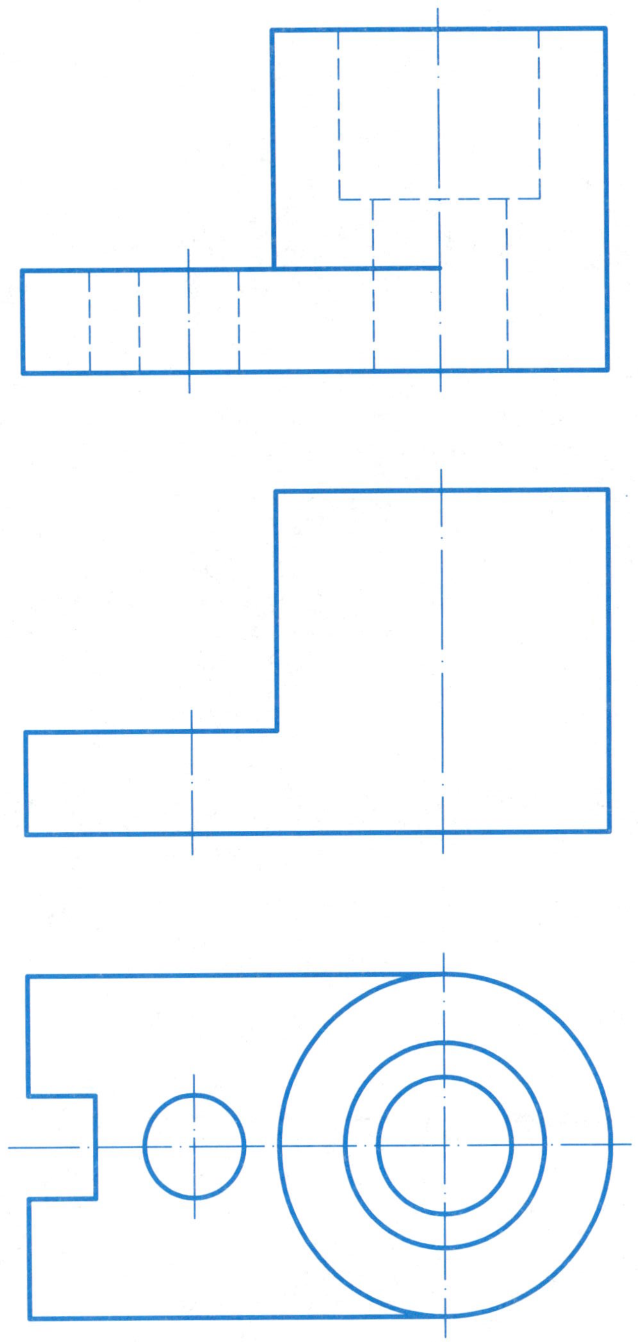

(2)

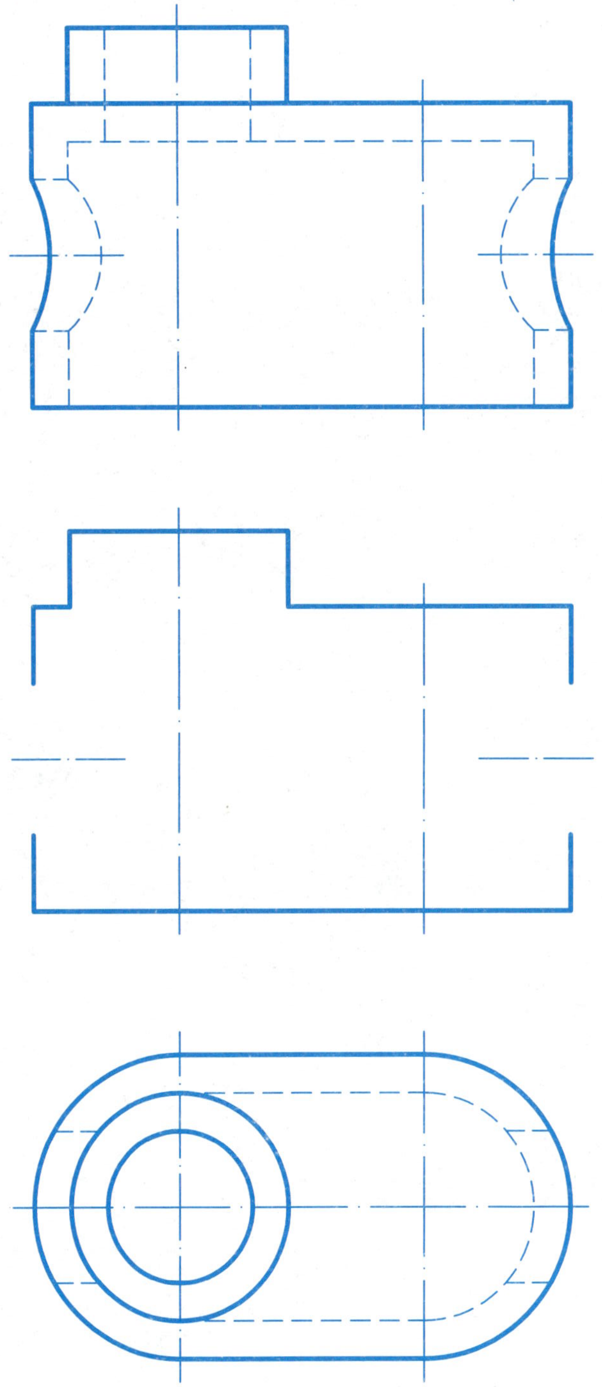

(3)

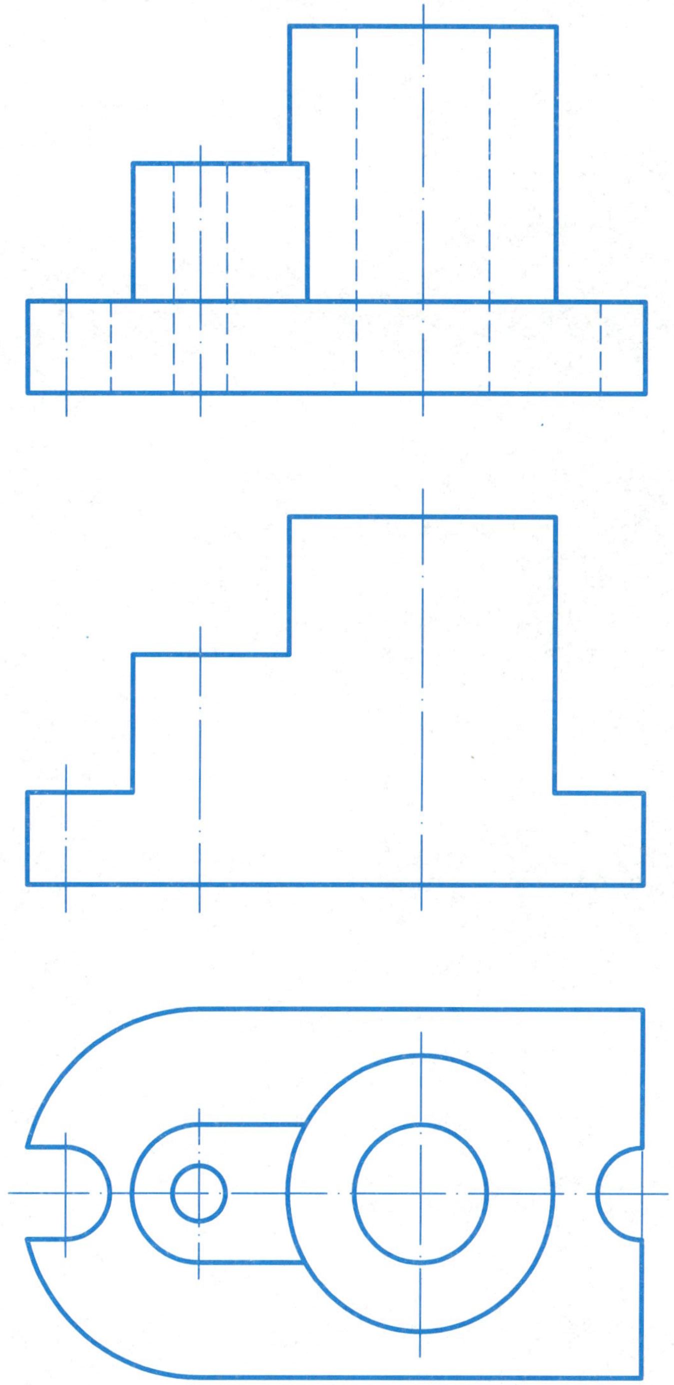

6-6 在指定位置上将主视图画成半剖视图,左视图画成全剖视图。

(1)

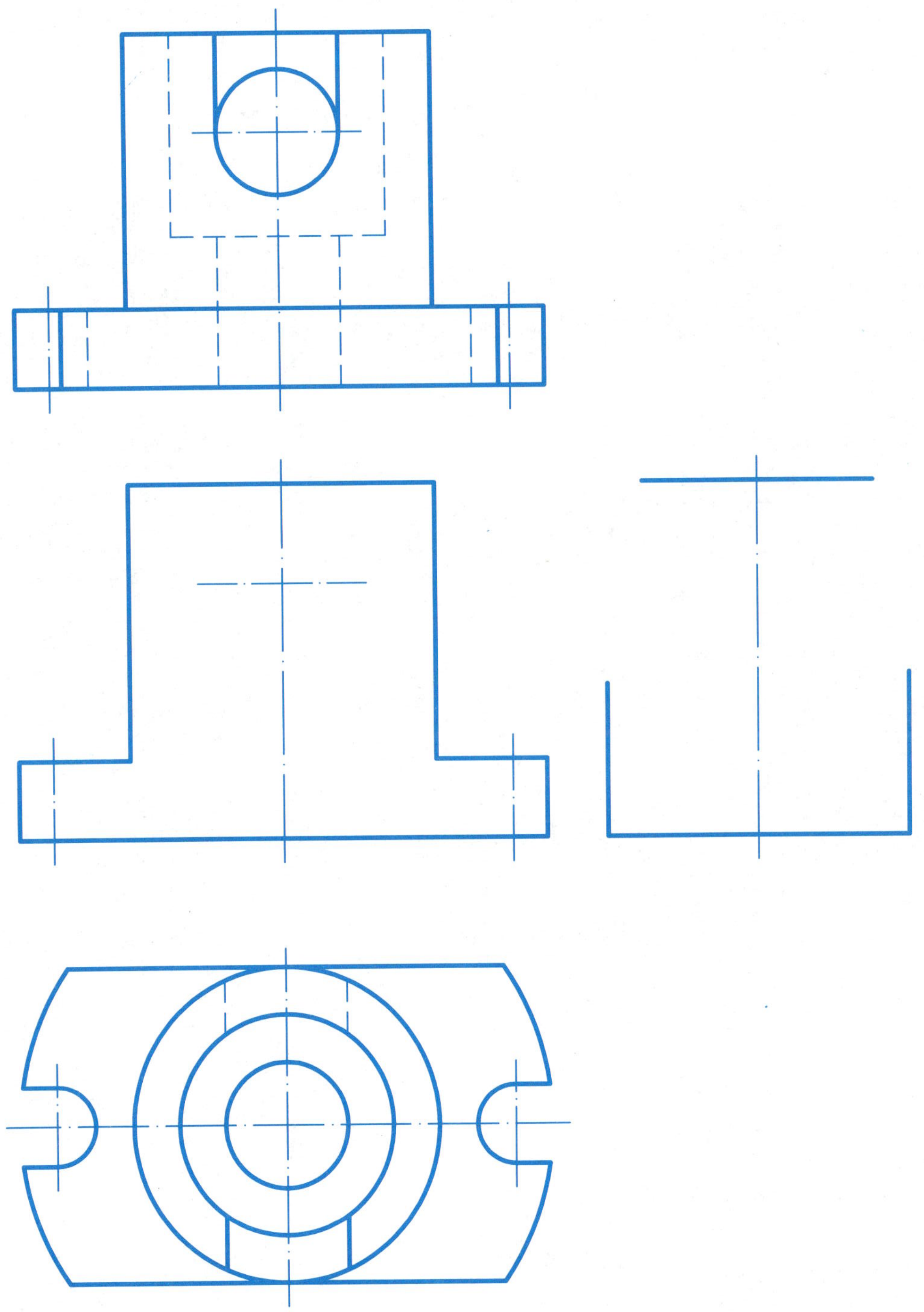

(2)

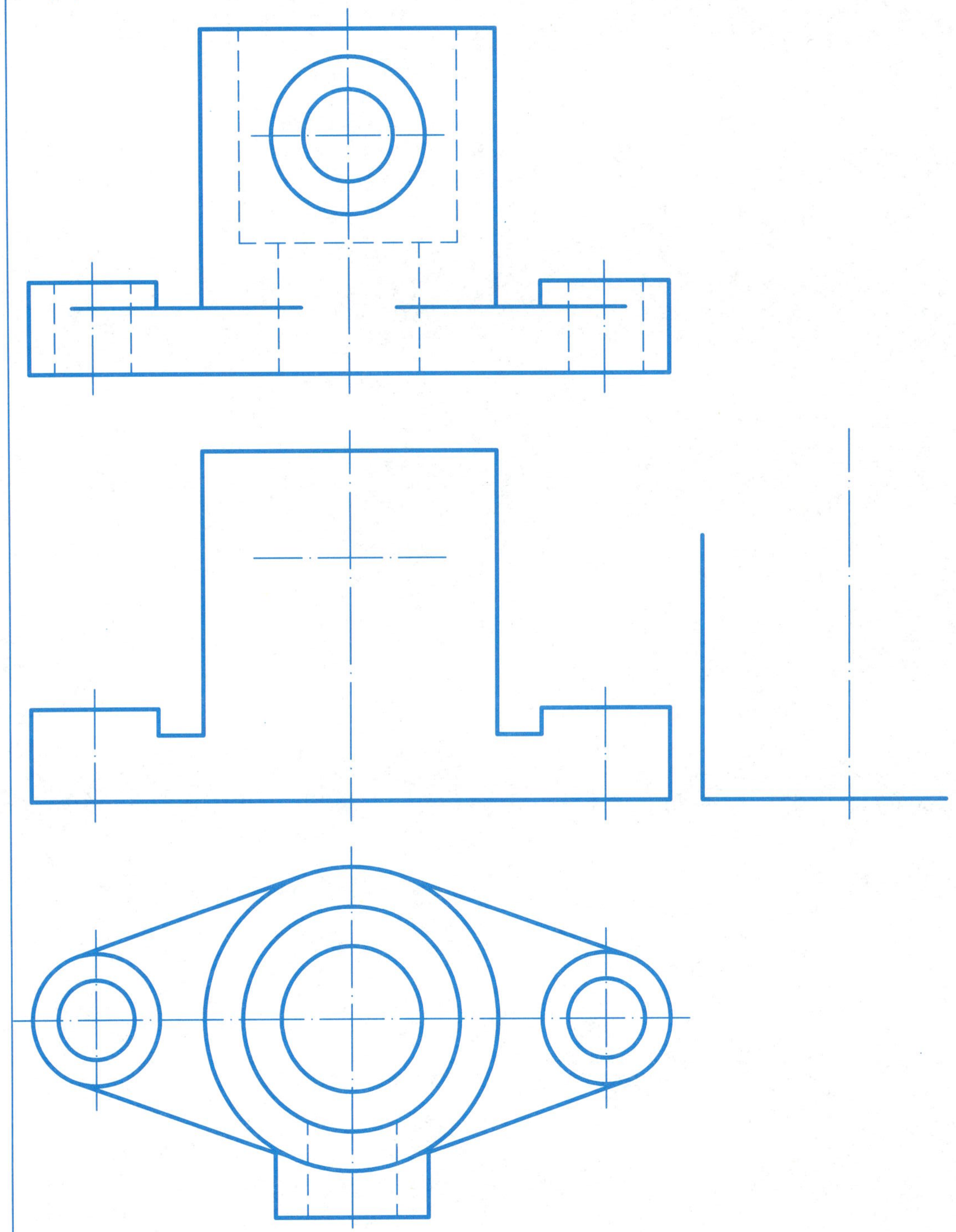

6-7 在指定位置上将主视图画成全剖视图,俯视图、左视图画成半剖视图。

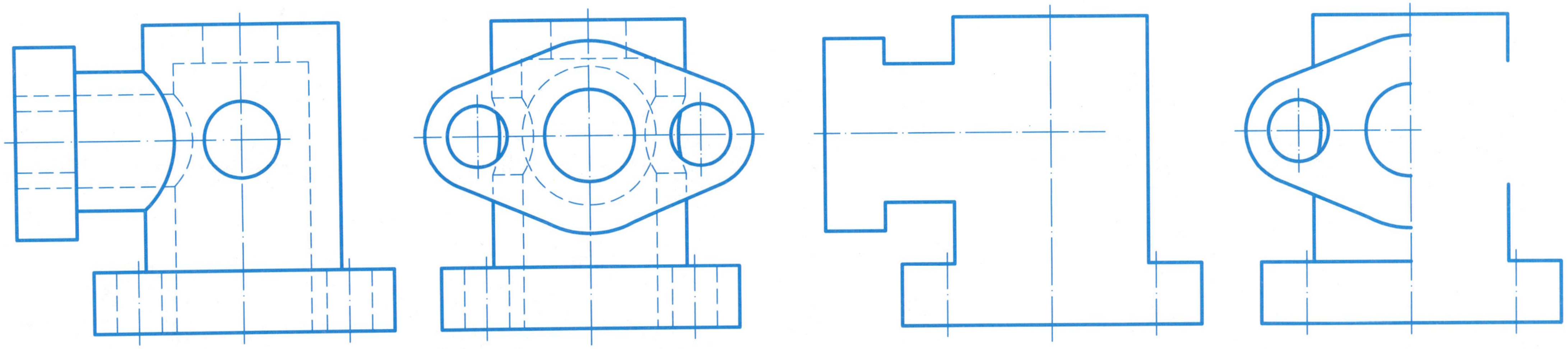

6-8 读懂图(1)给出的两个视图,判断图(2)、(3)、(4)的表达是否正确。正确的画“√”，错误的画“×”,并用箭头指出错误之处。

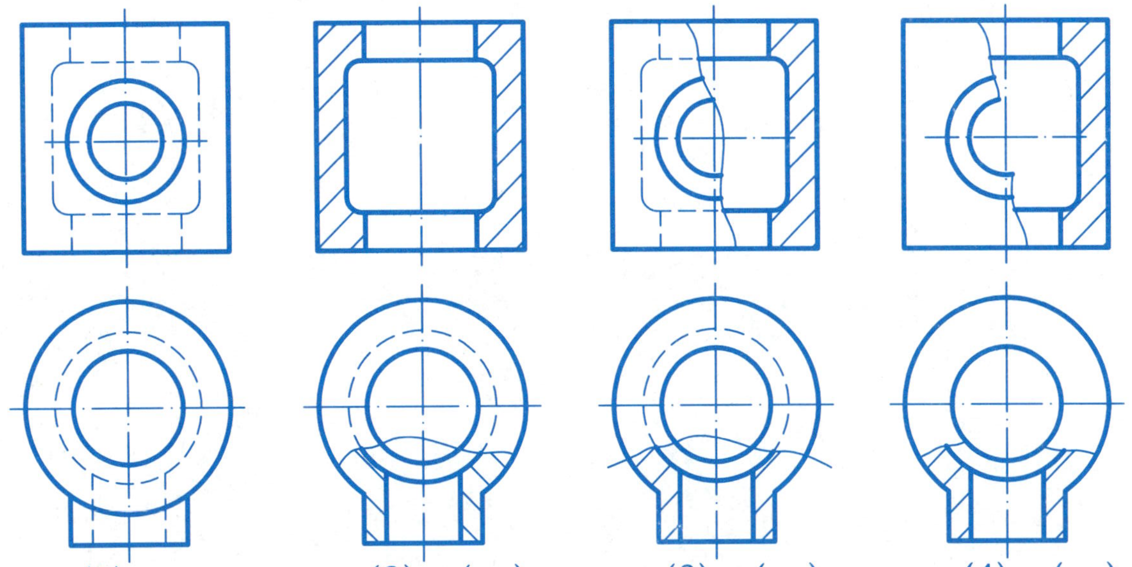

(1)　　(2)（　）　　(3)（　）　　(4)（　）

6-9 在指定位置上将图示物体的主视图画成局部剖视图。

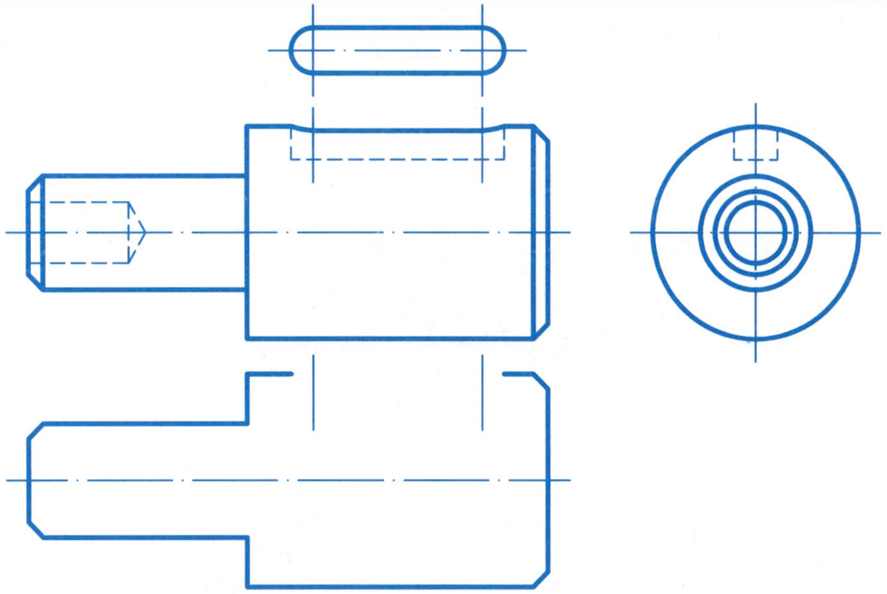

6-10 在指定位置上将图示物体的主视图、俯视图画成局部剖视图。

(1)

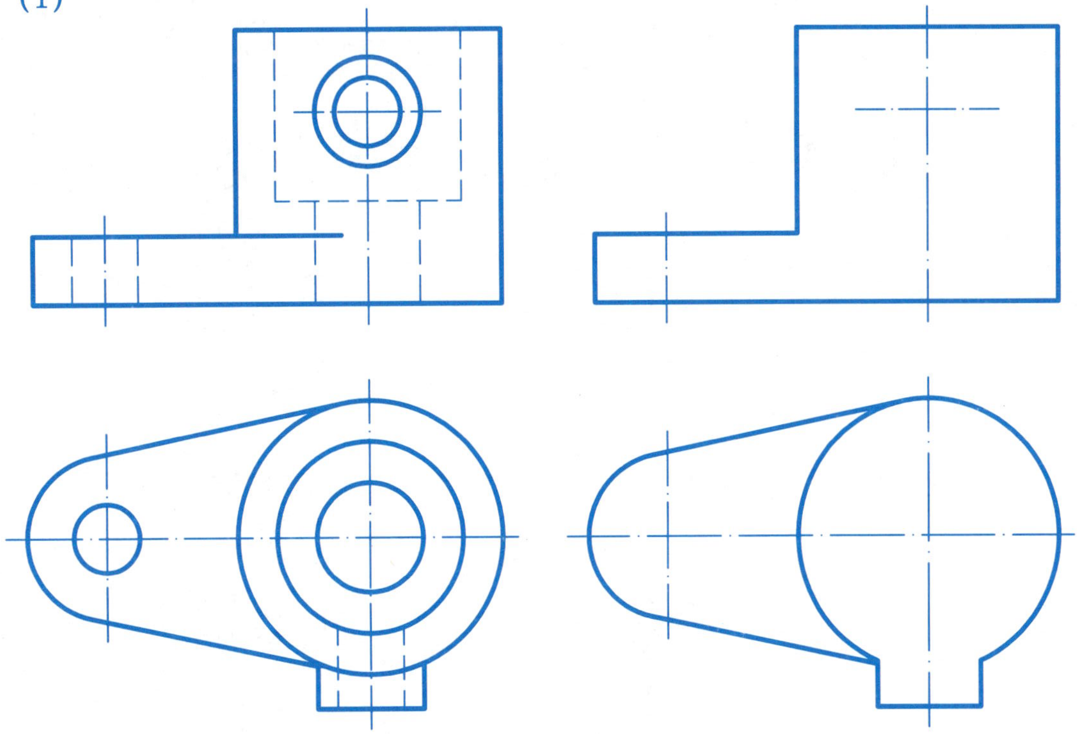

(2)

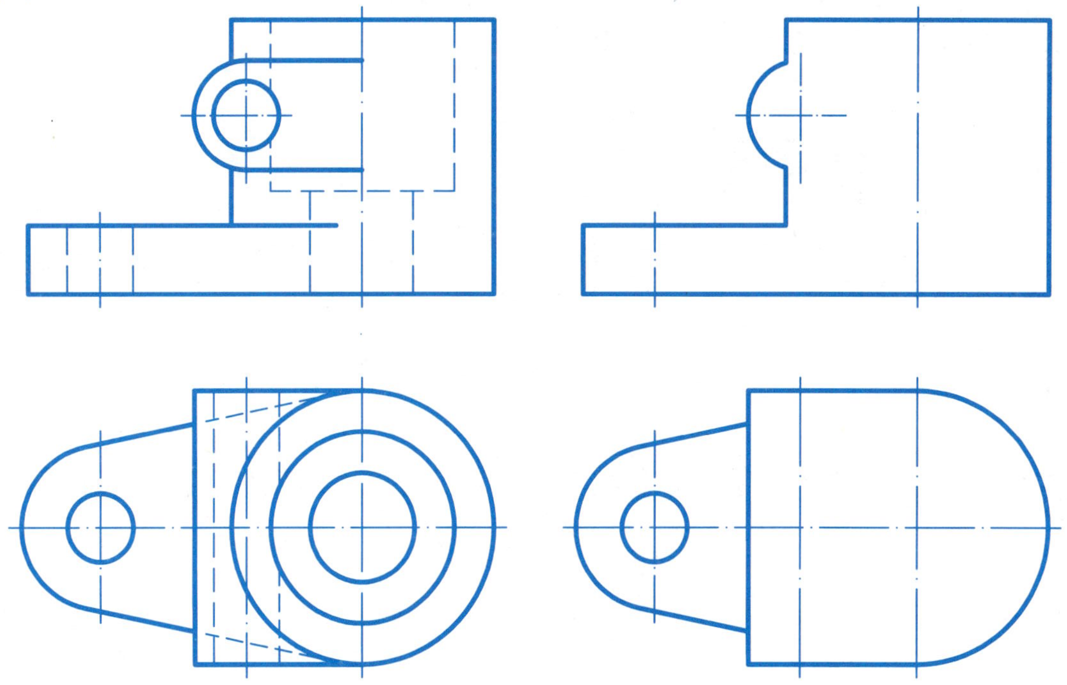

6-11 在指定位置上用平行平面或相交平面剖切的方法画出机件的全剖视图。

(1)

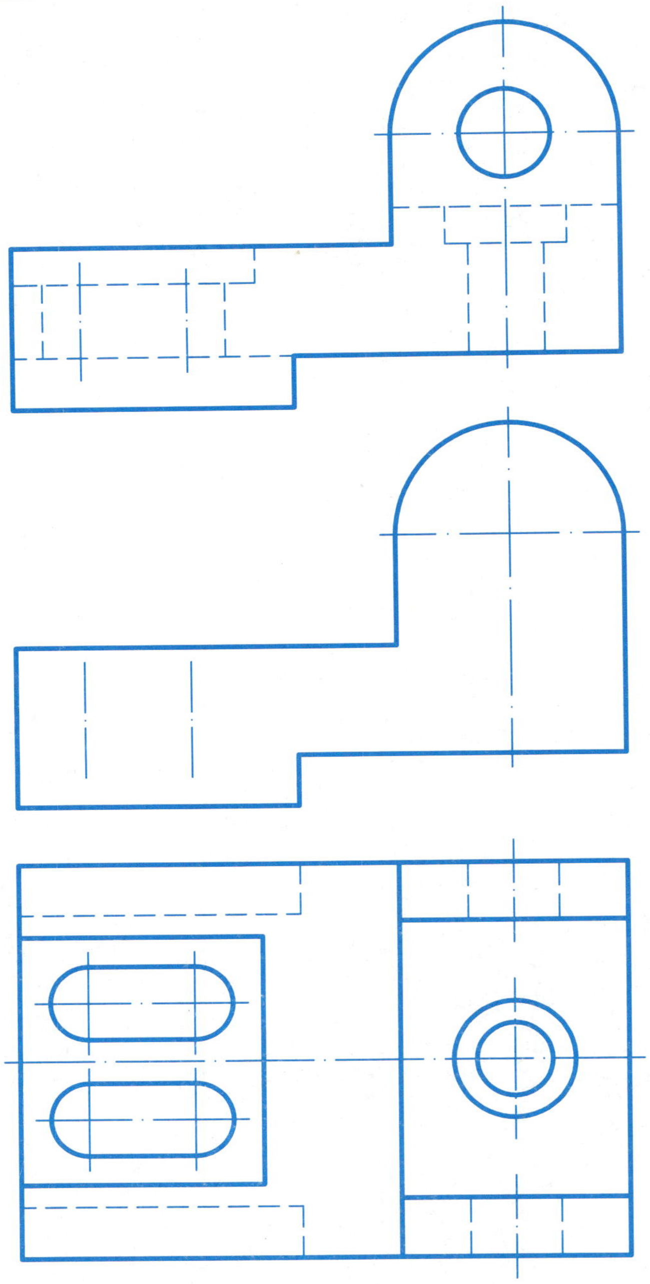

(2)

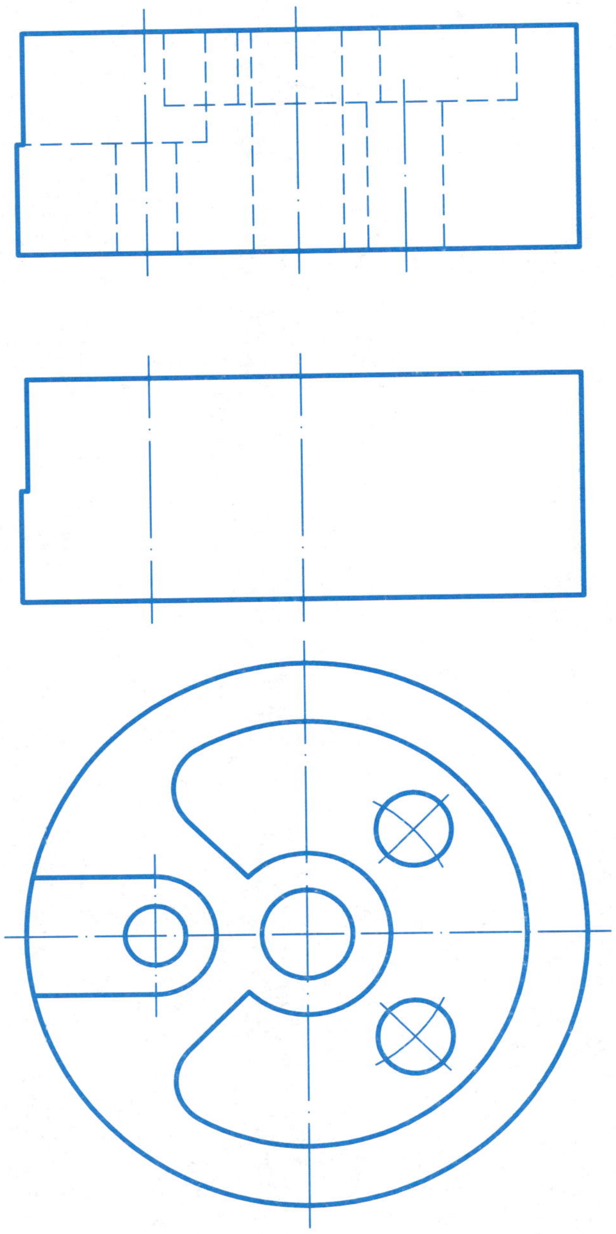

(3)

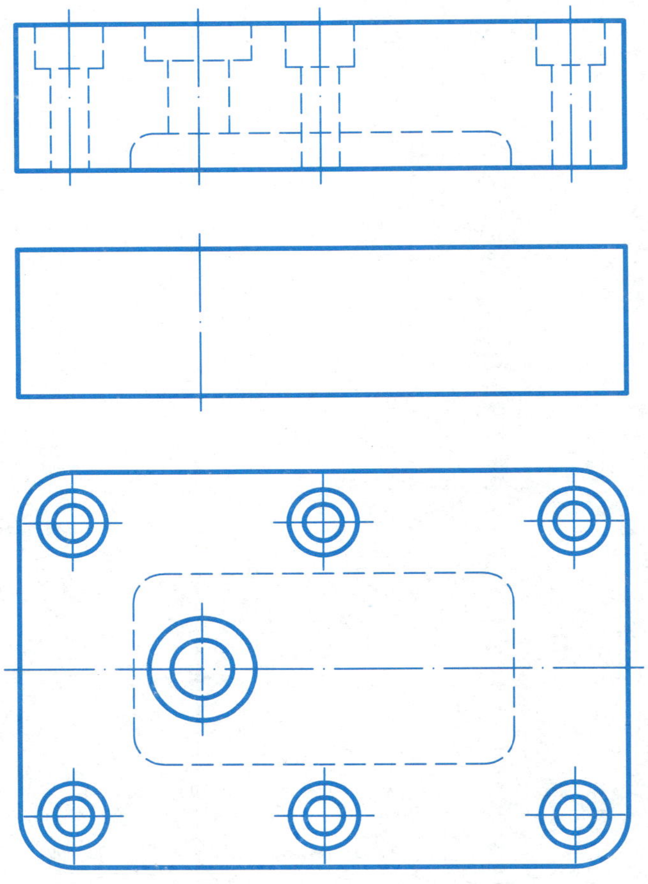

(4)

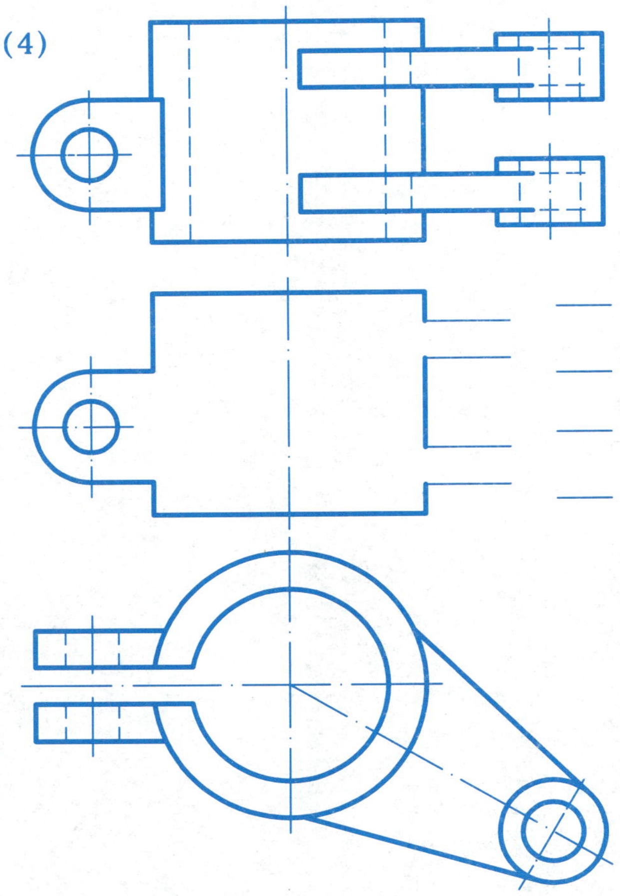

班级

姓名

班级　　　　姓名

6-12 画出单一平面剖切的 A-A 全剖视图。

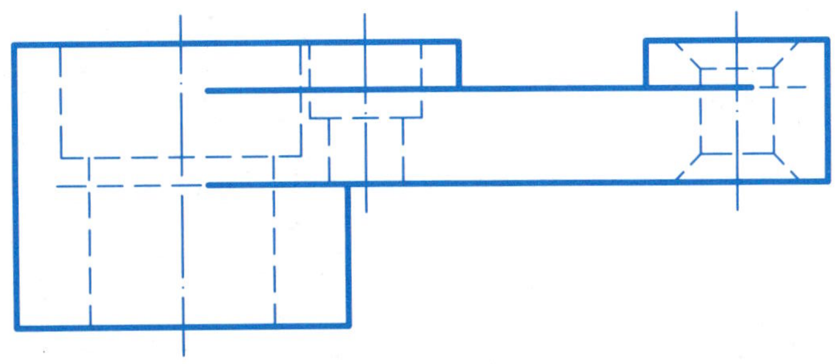

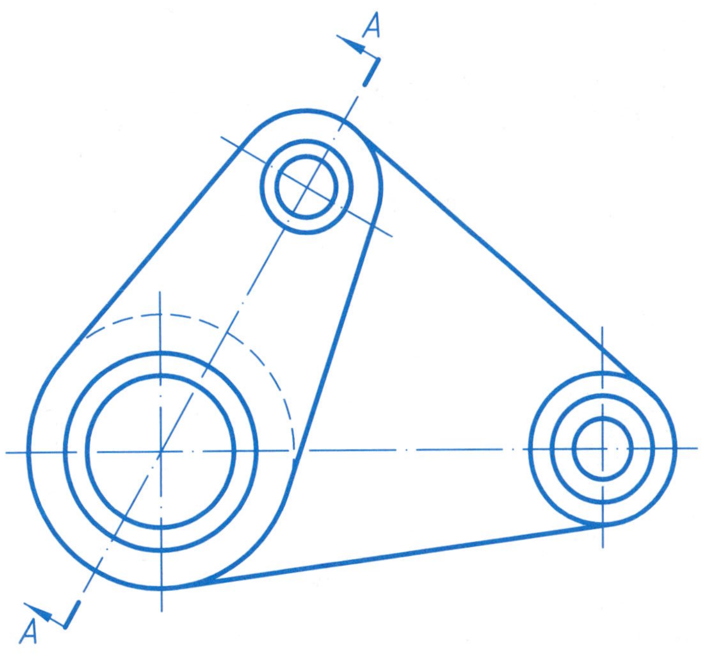

6-13 读懂各视图，标注尺寸和剖切位置、投射方向及各图的名称。

6-14 画出下列各图的断面图。

(1) 在剖切线的延长线上画移出断面图。

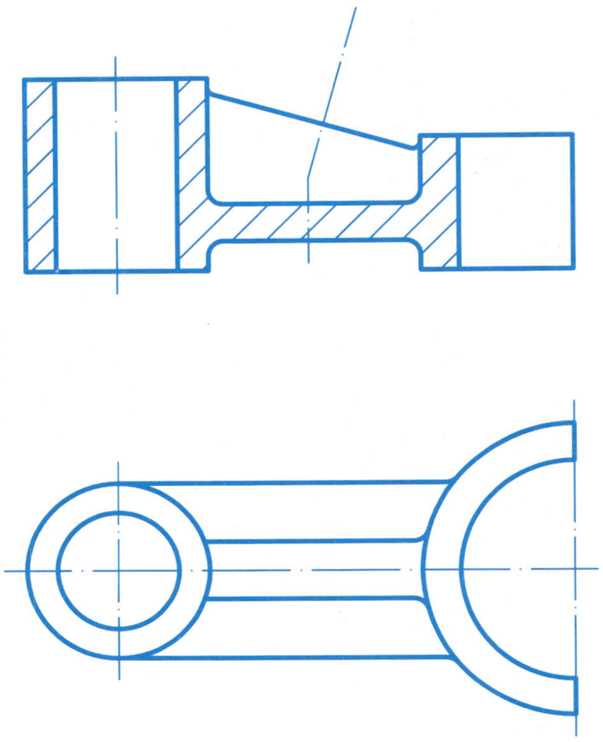

(2) 在主视图上画出十字肋的重合断面图。

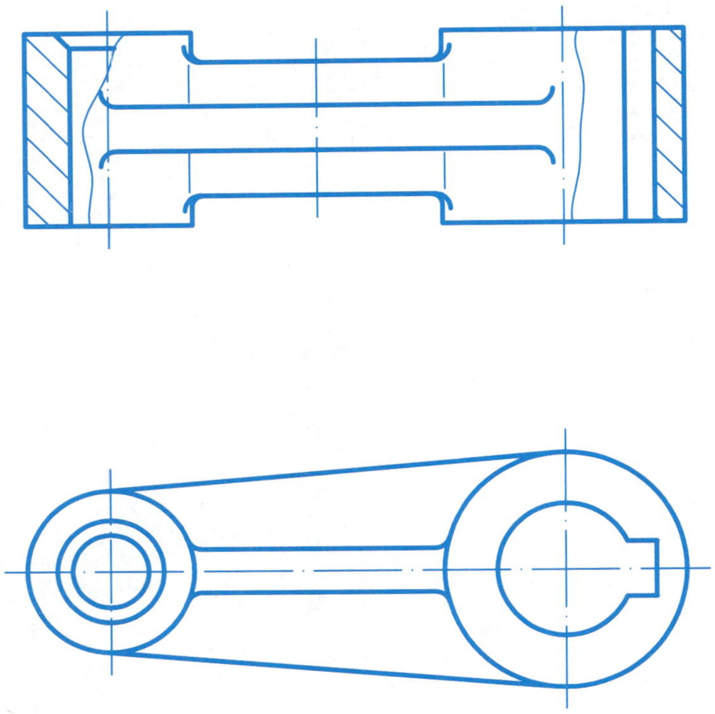

(3) 在指定位置画出轴上的移出断面图。

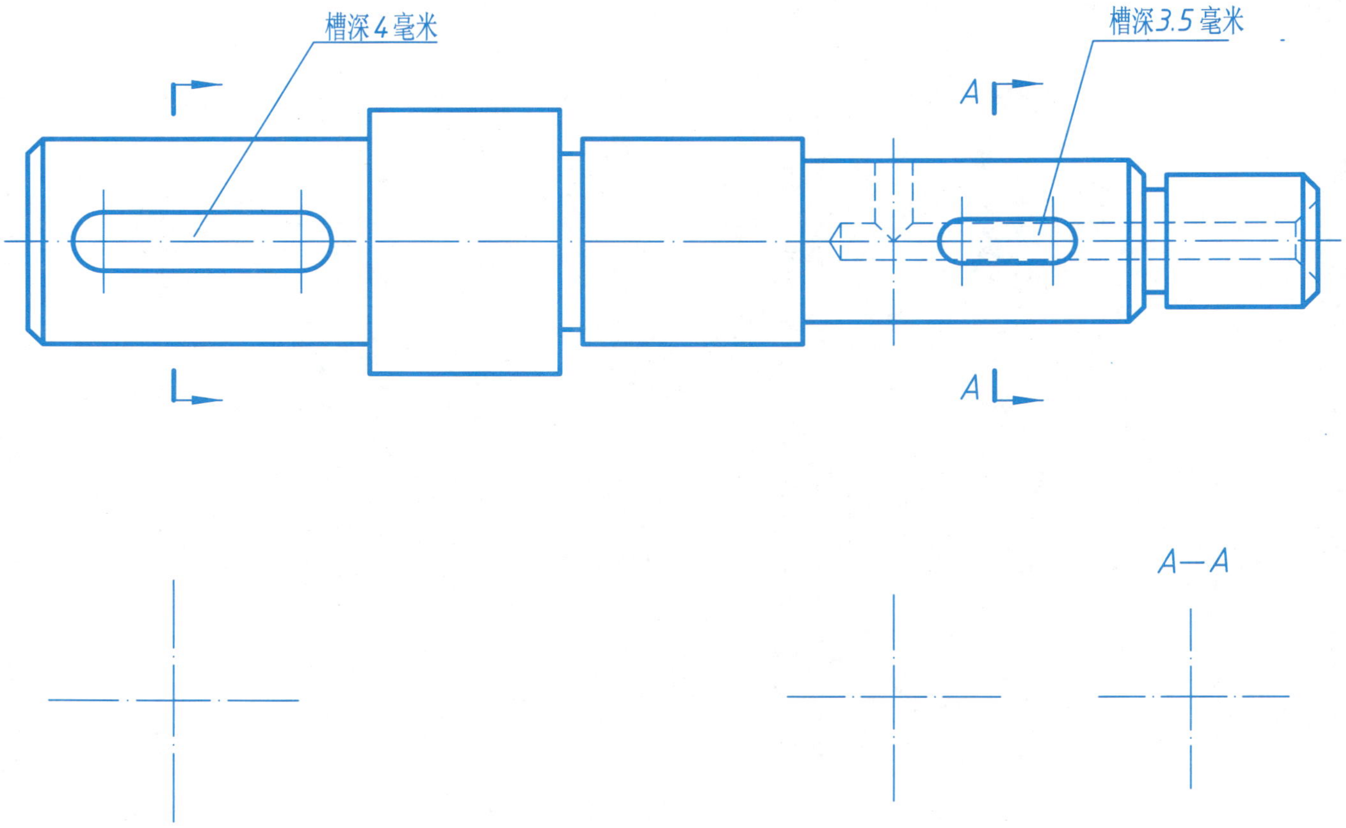

班级 姓名

6-15 判别断面图形的正误（在断面图形下方画“√”或“×”），并将正确的断面图进行标注。

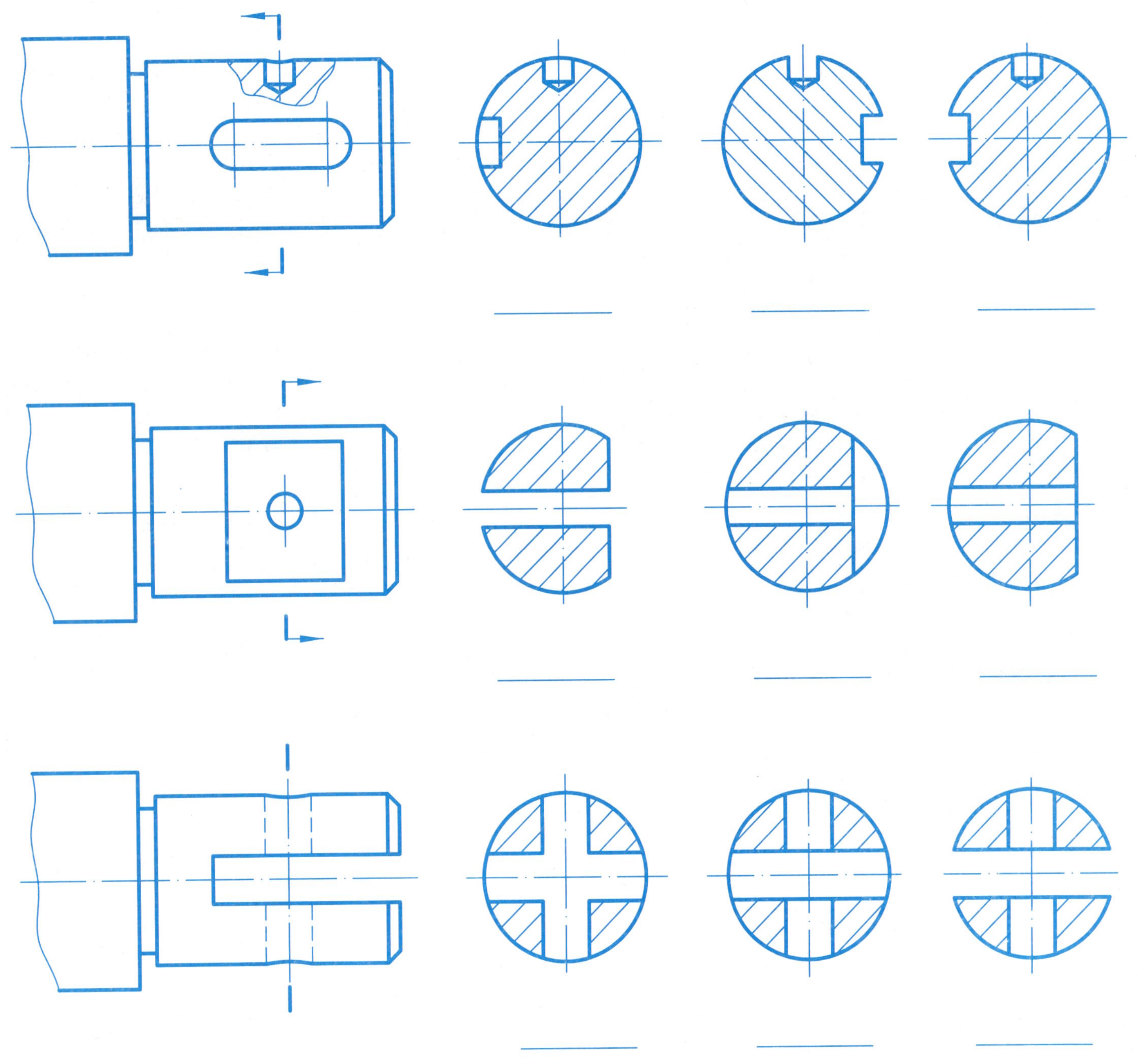

6-16 按剖视图的简化画法，将主视图画成全剖视图。

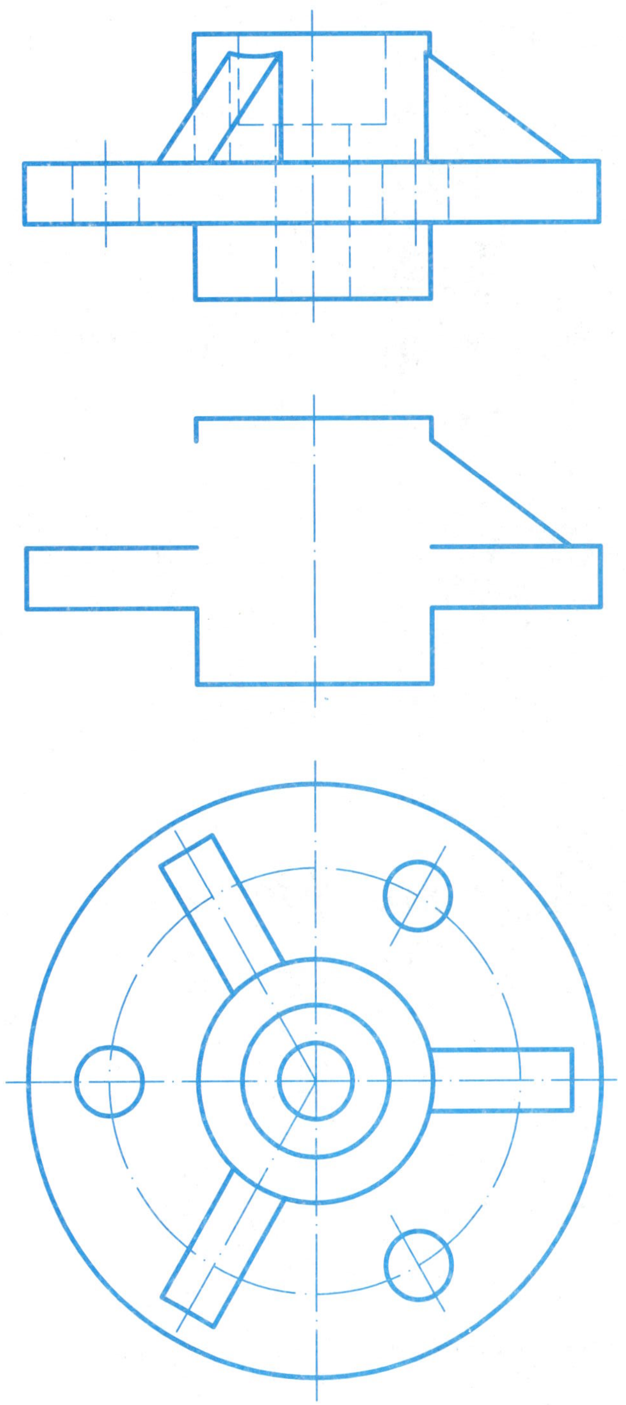

6-17 根据所给视图，看懂物体的形状，在右下角画出 *A* 向的外形图，并标注尺寸(尺寸数字从图中量取整数）。

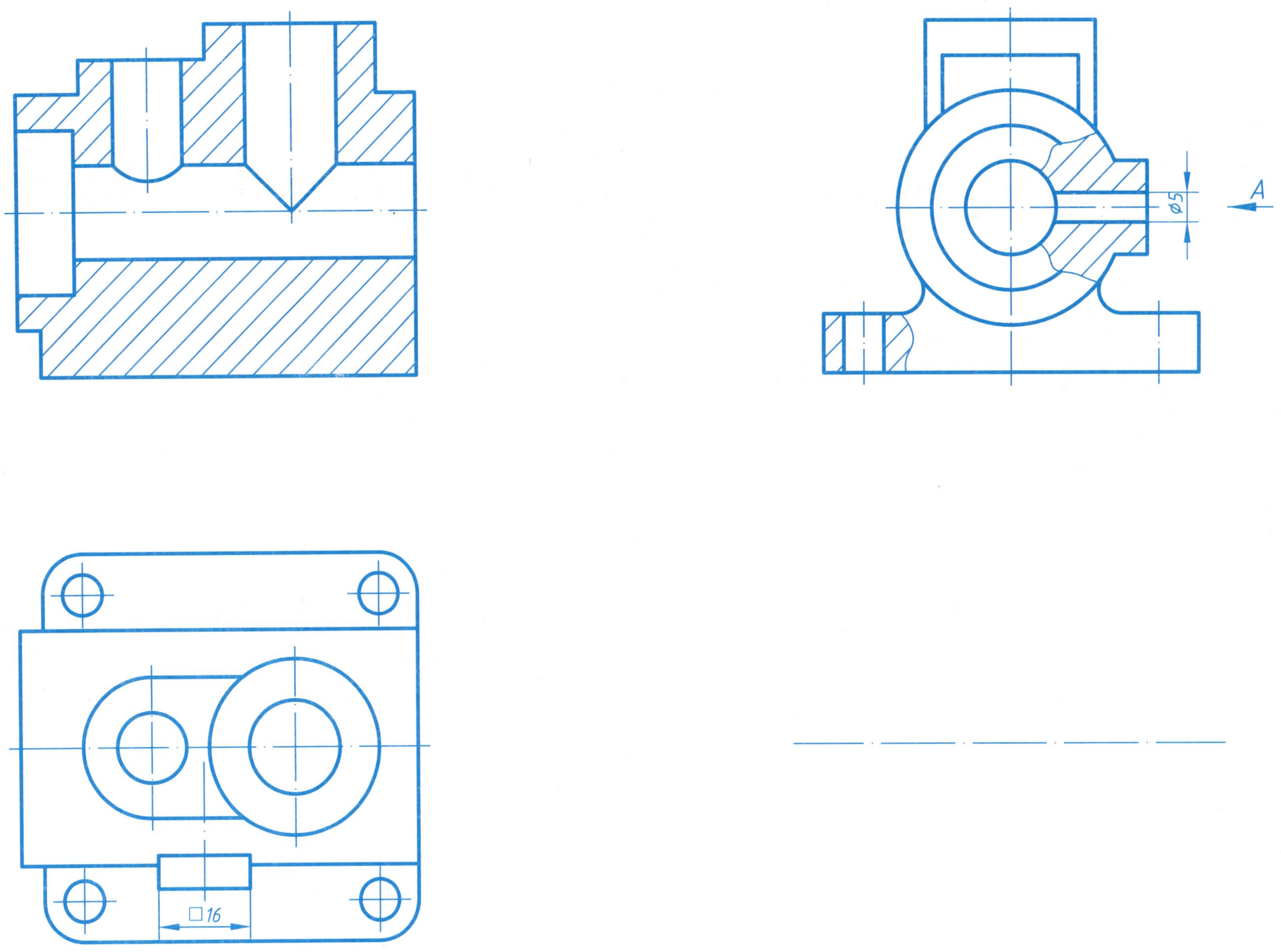

6-18 按1：1的比例在A3幅面的图纸上，用适当的表达方法将机件的内外形状表达清楚，并标注尺寸。

(1)

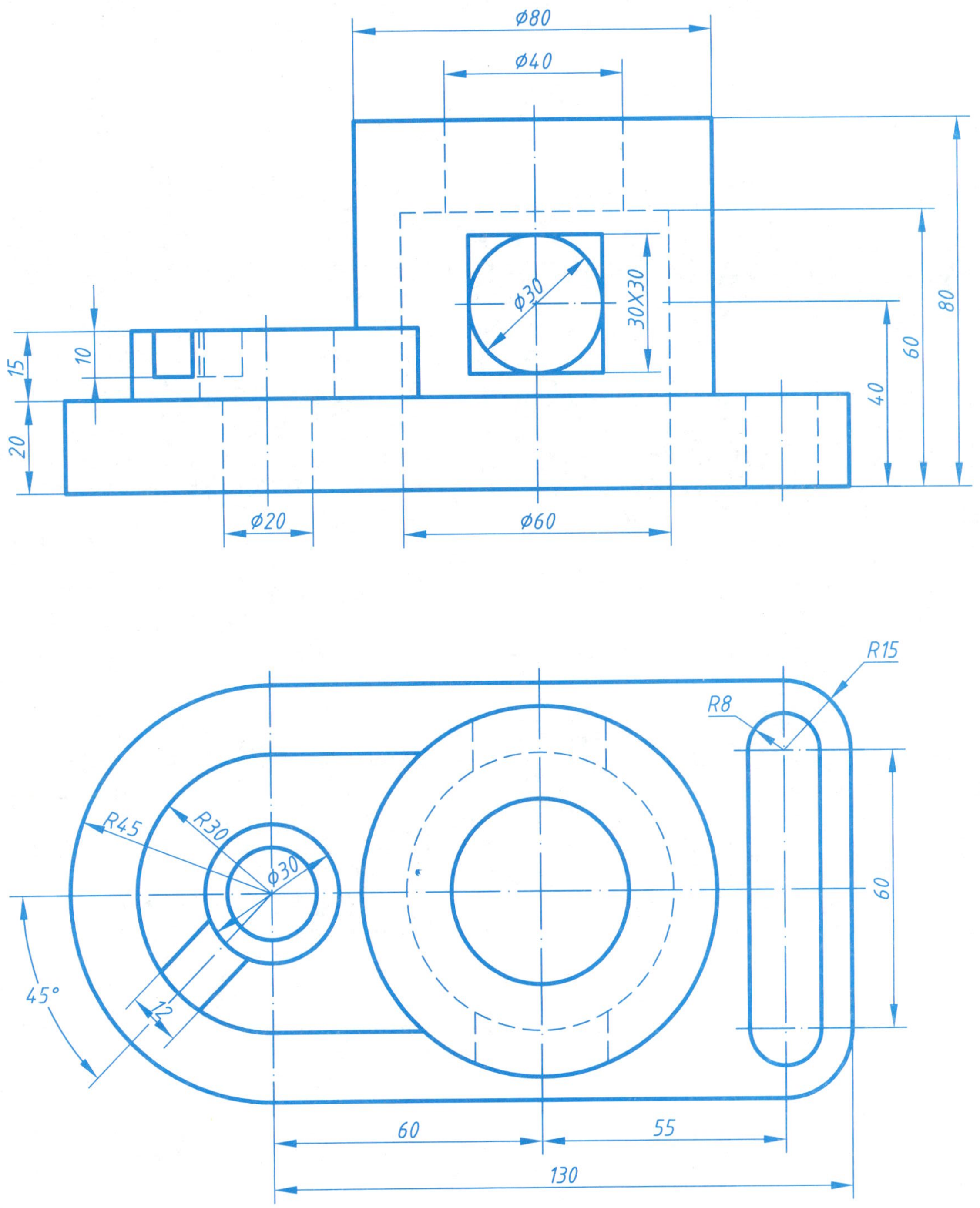

6-18 按1：1的比例在A3幅面的图纸上，用适当的表达方法将机件的内外形状表达清楚，并标注尺寸（尺寸从图中按1：1的比例量取整数）（续）。

(2)

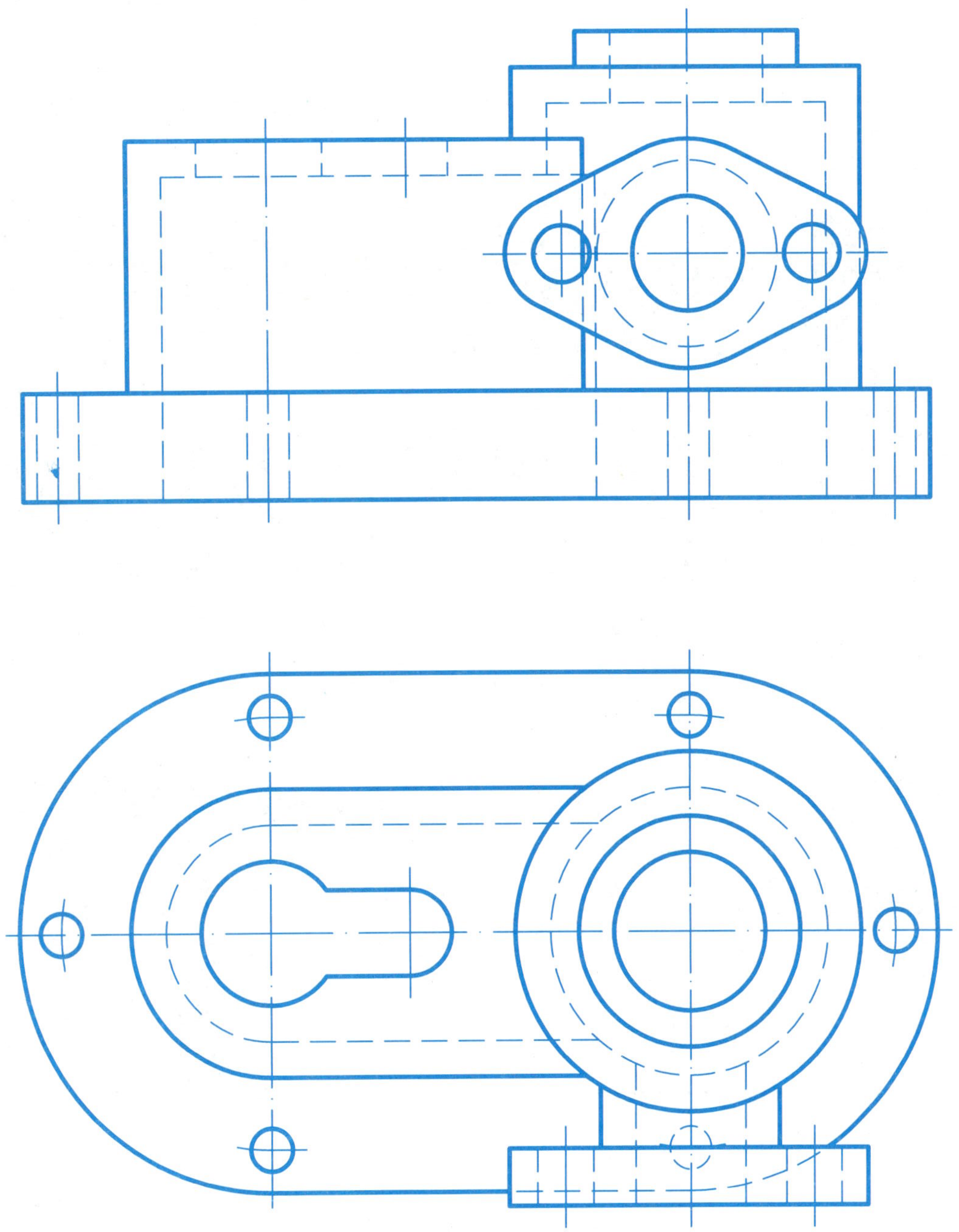

7-1 内、外螺纹及旋合画法。

（1）在ϕ20圆杆的左端制出一段长30 mm的普通粗牙螺纹,其中径和顶径公差带代号均为6g,倒角C2.5。画出该螺纹的主视图和左视图（螺纹的小径按0.85倍大径画)。

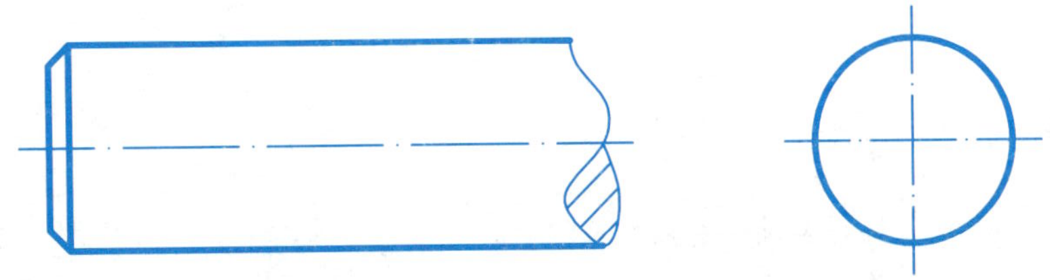

（2）在零件的左端制出一大径为20 mm的普通粗牙螺纹孔,其中径和顶径公差带代号均为6H,螺孔深度为30 mm, 钻孔深度为40 mm,倒角C2.5。画出螺纹的主视图和左视图（主视图采用全剖,钻孔直径按 0.85倍大径画）。

（3）将（1）的外螺纹调头,旋入（2）的螺孔中,旋合长度为20 mm。画出其连接图（主视图和左视图均采用全剖视图）。

7-2 对下面的螺纹进行尺寸标注。

(1) 普通螺纹,大径20 mm,螺距2.5 mm,单线,右旋,中径和顶径公差带代号均为5g,中等旋合长度，倒角C2，螺纹长度为34 mm。

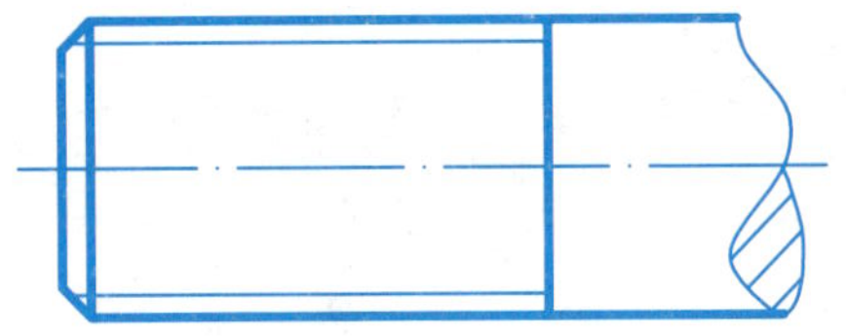

（2）普通螺纹,大径16mm,螺距1.5mm,单线,右旋,中径和顶径公差带代号均为6H,中等旋合长度，倒角C2, 螺纹长度30mm,钻孔深度38 mm。

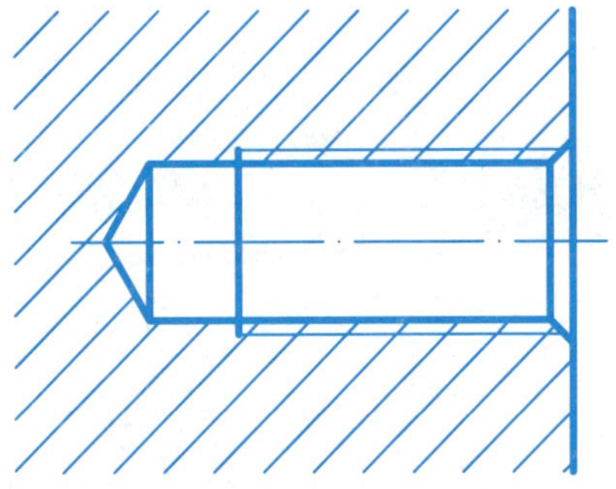

(3) 梯形螺纹,大径24 mm,导程6 mm,双线,左旋,中径公差带代号为7H, 中等旋合长度,倒角C2.5,退刀槽6×ϕ25.5,螺纹长度36 mm。

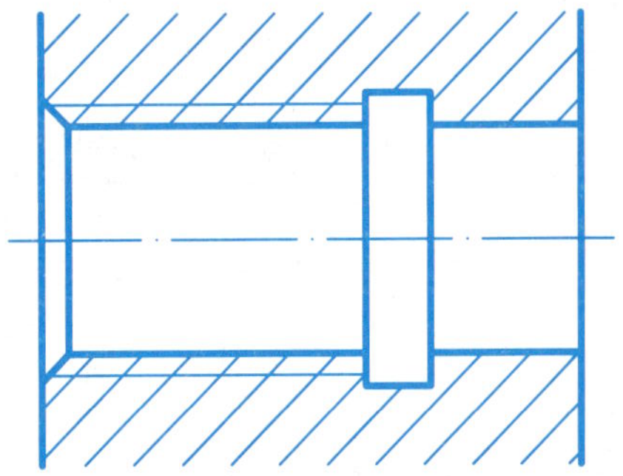

(4) 外螺纹为55°非密封管螺纹, 其尺寸代号为1/2,单线,右旋,公差等级为A 级,倒角C2,螺纹长度30 mm, 查表填写大径、小径和螺距的尺寸数据。

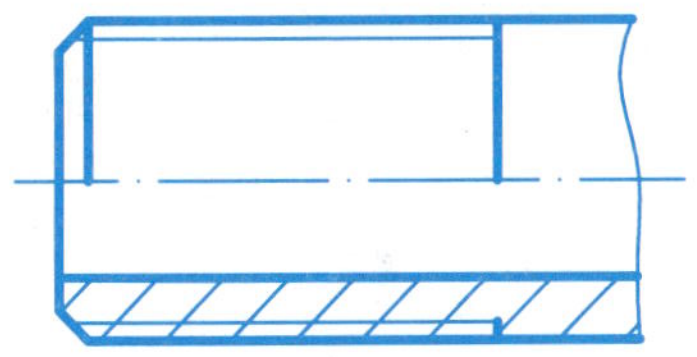

大径 ____

小径 ____

螺距 ____

7-3 分析螺栓、螺钉连接画法中的错误，将正确的画在右面。

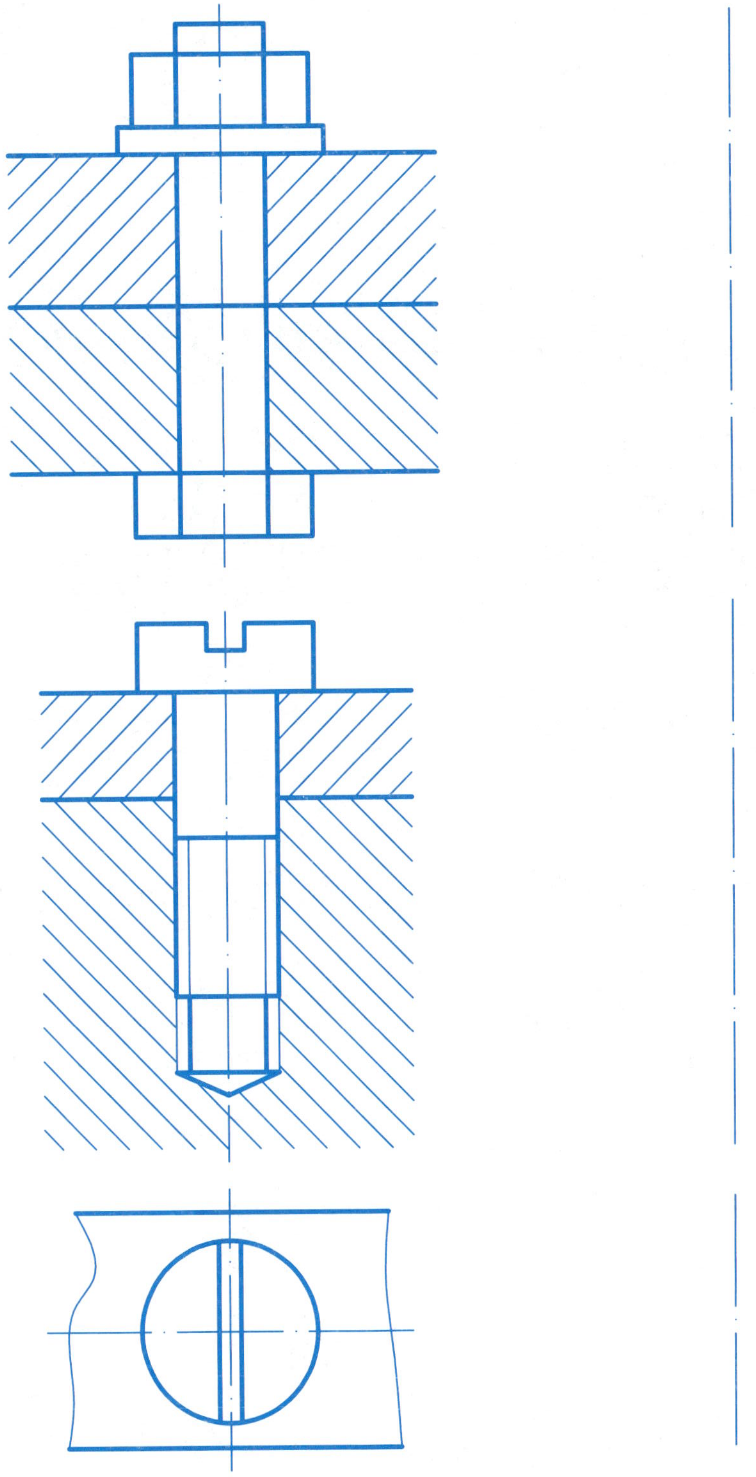

7-4 画出螺柱连接的装配图。

用双头螺柱连接的两个零件中,已知上面零件的厚度 t= 20 mm,下面零件的材料为铸铁。螺纹连接件为：螺柱 GB/T 898 M16×L（计算后查表取标准长度），螺母 GB/T 6170 M16,垫圈 GB/T 97.1 16-140HV。画出双头螺柱连接的装配图（采用简化画法,主视图画成全剖视图，俯视图和左视图画外形图），写出双头螺柱的标记。

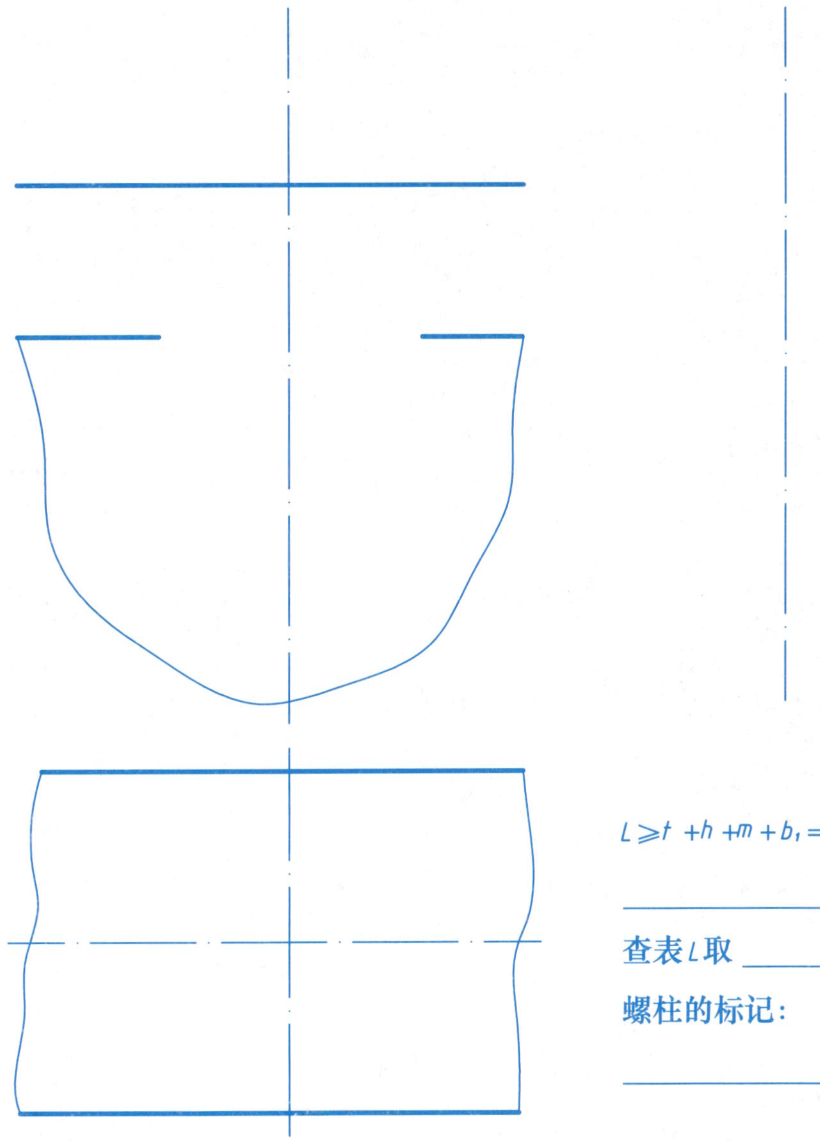

$L \geqslant t + h + m + b_1 =$ ______________

查表 L 取 ______________

螺柱的标记：______________

7-5 画出A-A断面图，查表确定并标注键槽的尺寸。

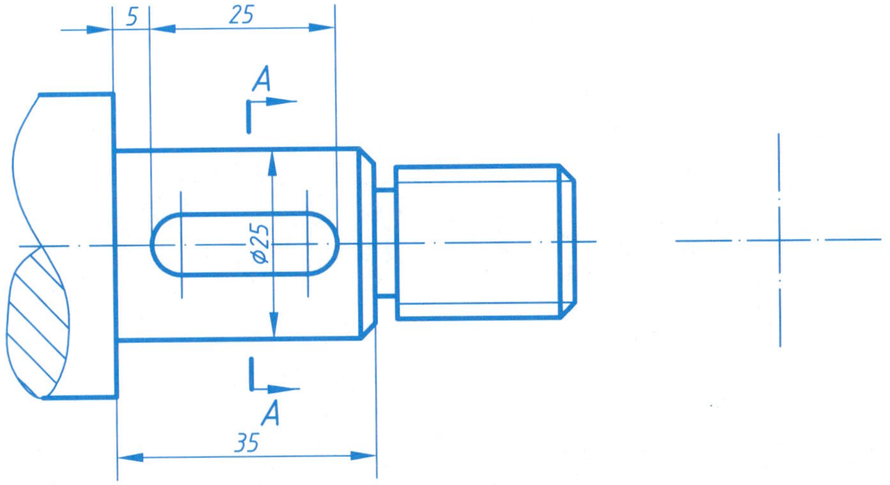

7-6 已知直齿圆柱齿轮的$z=28$、$m=2.5$，计算出该齿轮的分度圆、齿顶圆、齿根圆直径，画出其全剖的主视图及A向局部视图。查表确定并标注键槽的尺寸。

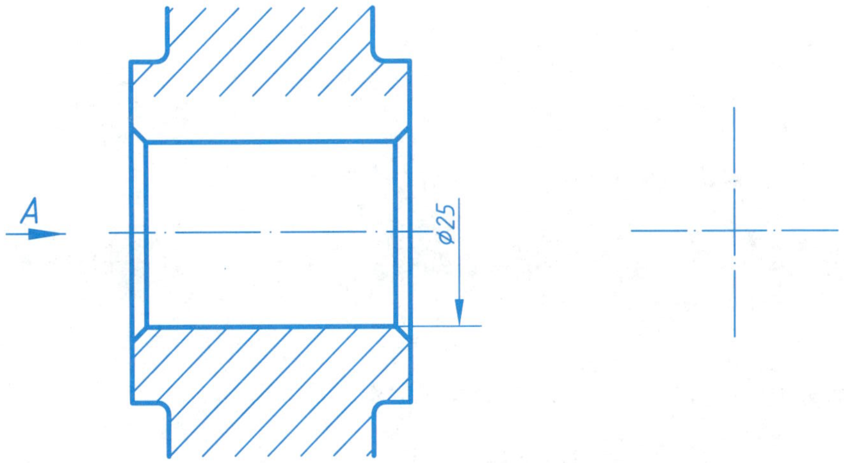

7-7 用普通平键和螺母、垫圈将7-5及7-6的轴和齿轮连接起来，画出连接的装配图的主视图及A-A断面图，并写出键的标记。

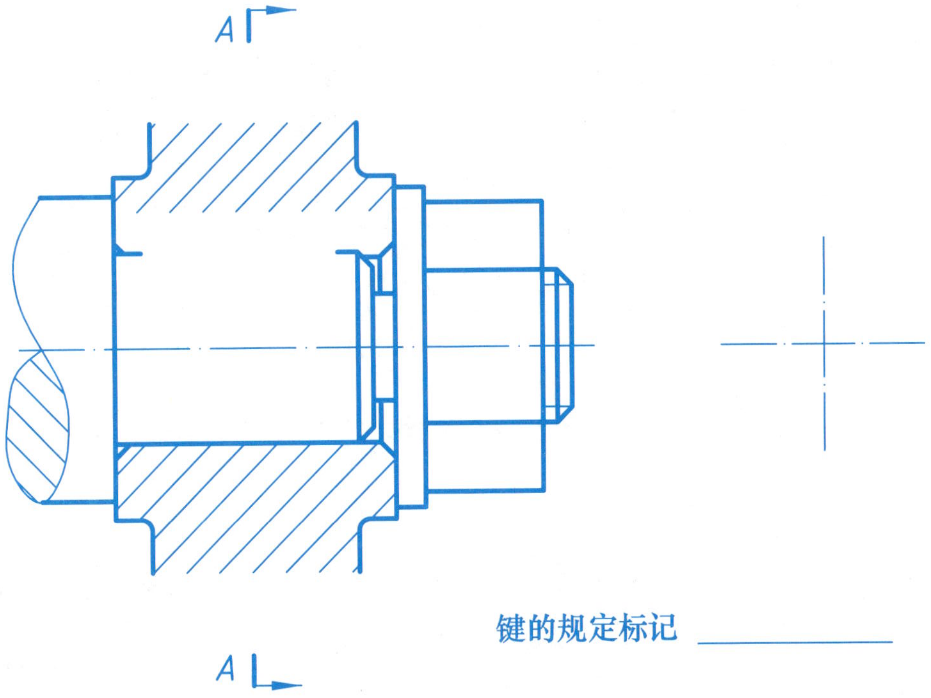

键的规定标记 ____________

7-8 选择适当长度的ϕ6m6圆柱销，画出销连接的装配图，写出销的标记。

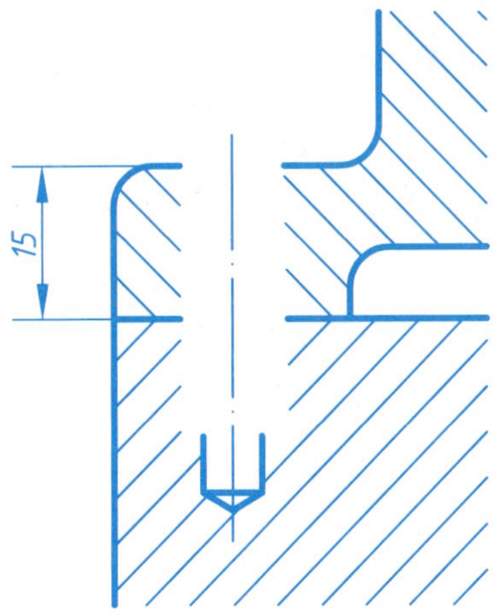

销的规定标记 ____________

7-9 选择适当长度的ϕ6 圆锥销，画出销连接的装配图，写出销的标记。

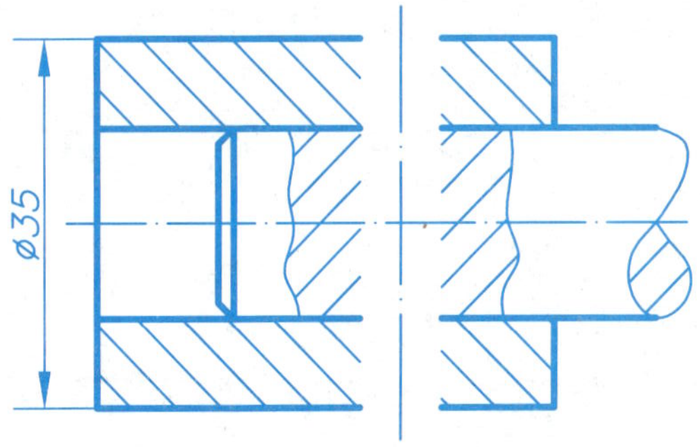

销的规定标记 ____________

8-1 根据传动轴的轴测图，画零件草图或按2：1的比例画零件工作图。

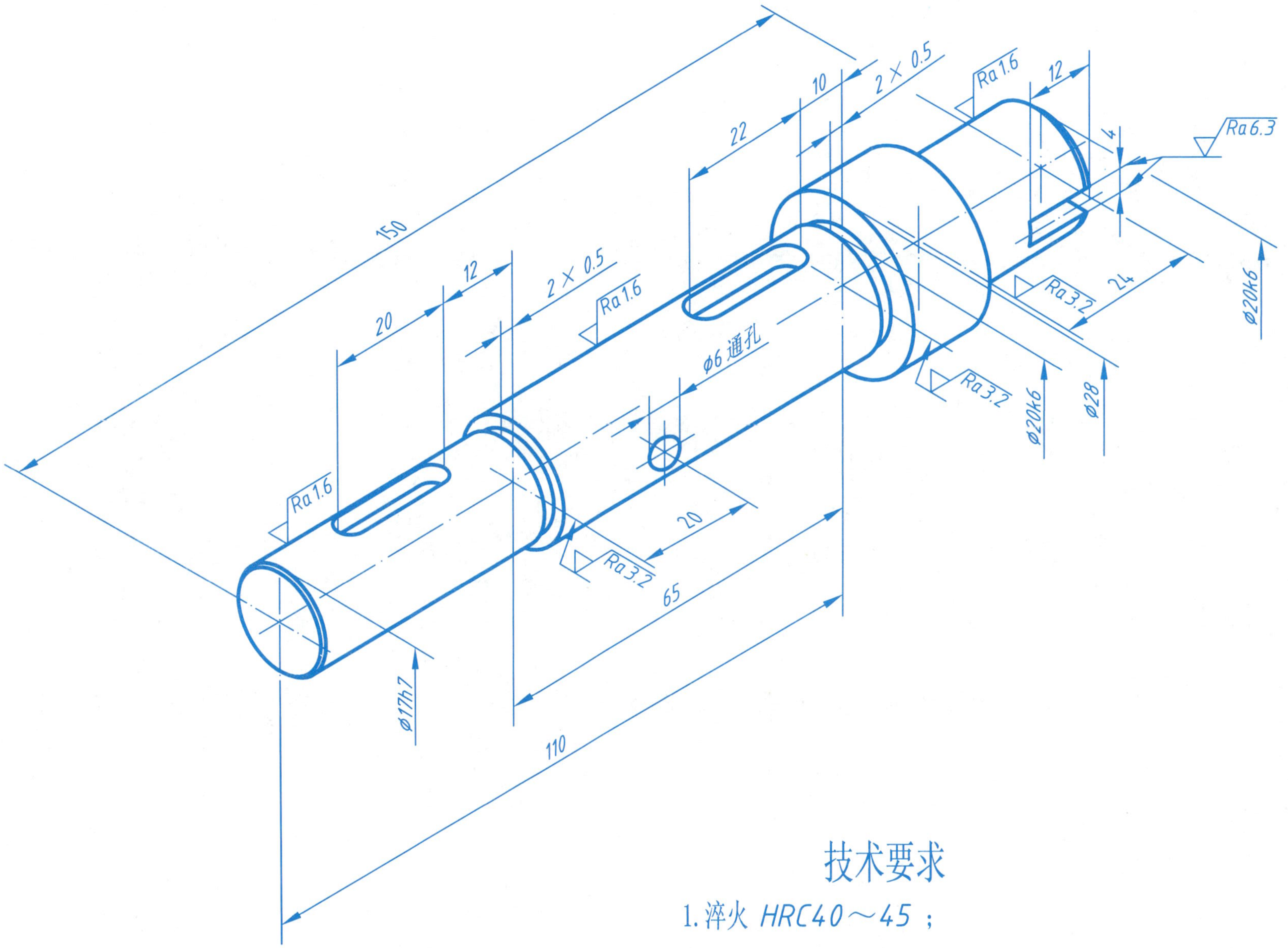

技术要求

1. 淬火 HRC40～45；

2. 全部倒角 C2，键槽宽度和深度尺寸查表确定；

3. 键槽侧面 Ra3.2，键槽底面 Ra6.3，其余表面 Ra12.5。

名称：传动轴
材料：45
图号：LJ—01

8-2 根据托架的轴测图画零件草图或零件工作图。

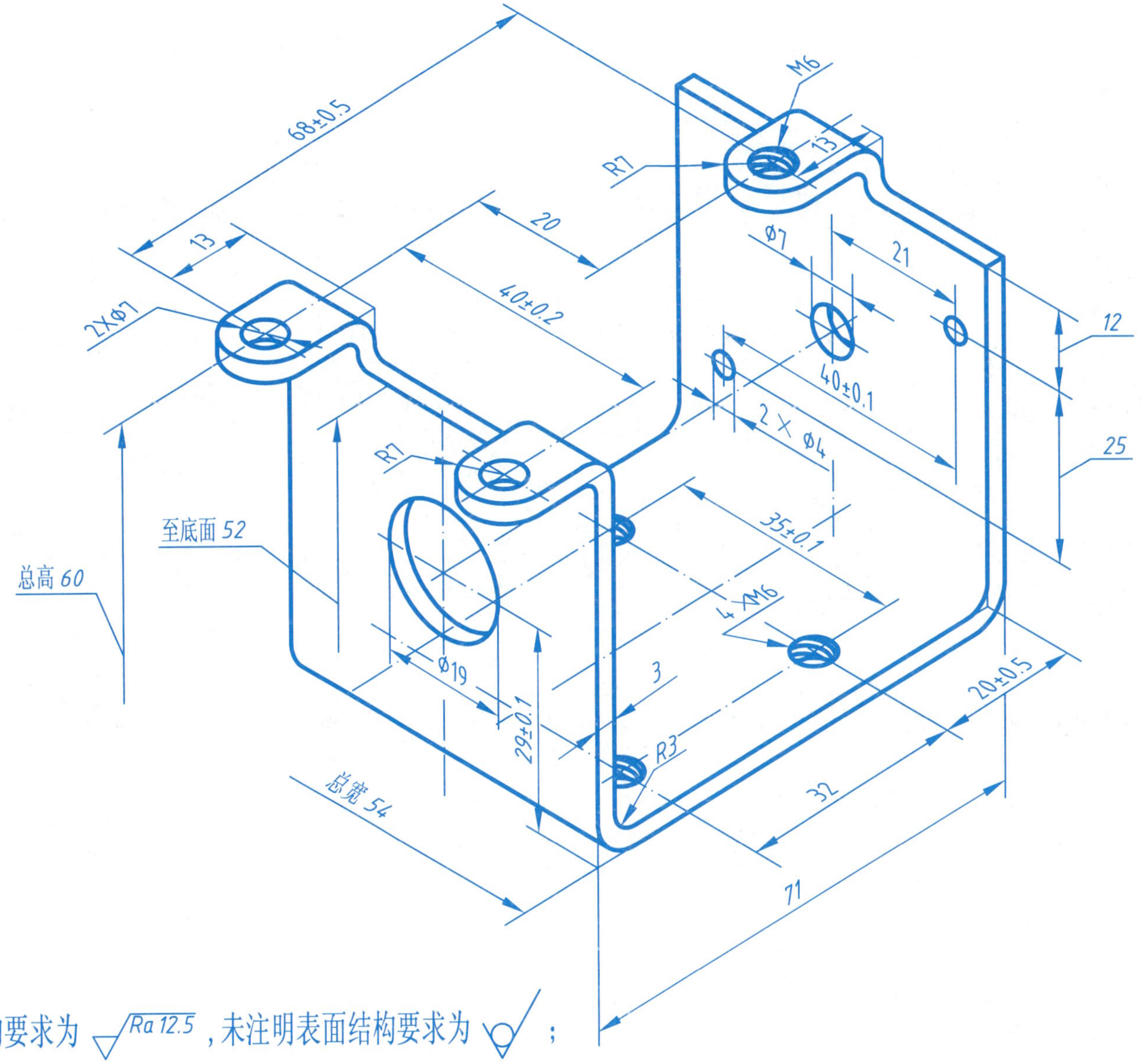

技术要求

1. 未注圆角 $R2\sim R2.5$；
2. 图中孔均为通孔，其表面结构要求为 $\sqrt{Ra\ 12.5}$，未注明表面结构要求为 $\sqrt{\bigcirc}$；
3. 表面镀锌钝化。

名称：托架
材料：0.8F 钢板
图号：LJ—02

8-3 根据吊架的轴测图画零件草图或零件工作图。

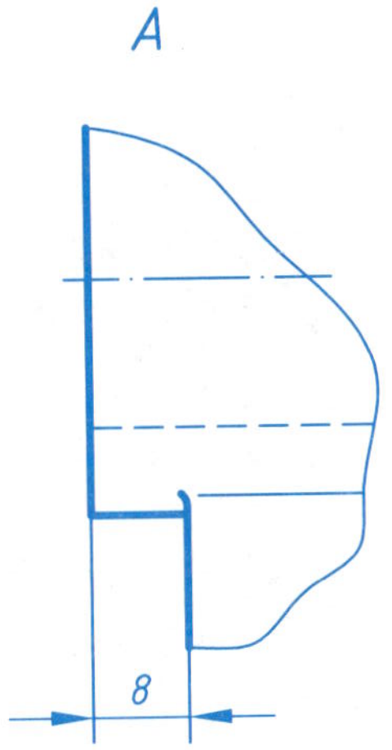

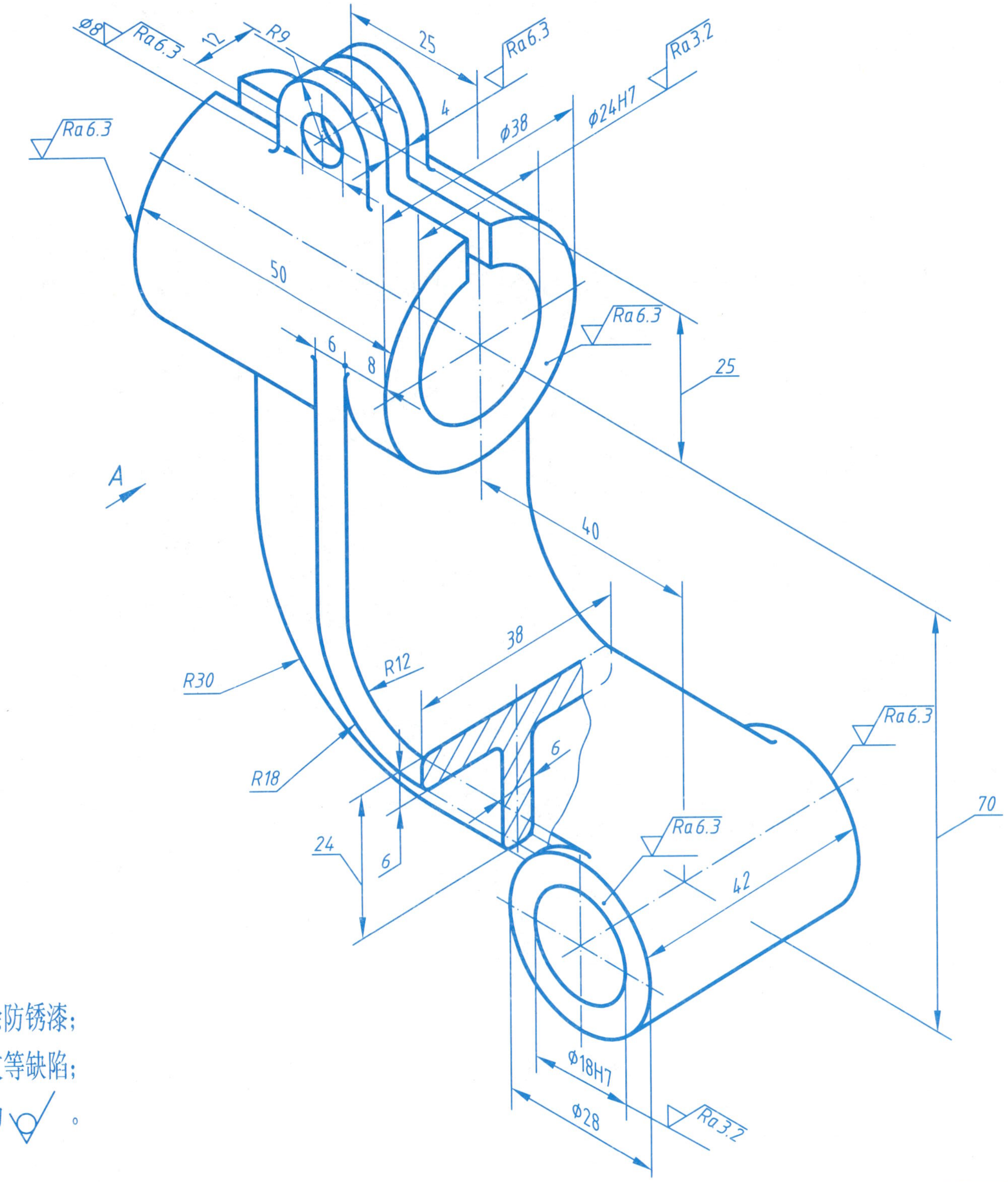

技术要求

1. 未注圆角$R2 \sim R3$；
2. 未加工面去除毛刺，涂防锈漆；
3. 铸件不能有气孔、裂纹等缺陷；
4. 未注明表面结构要求为 $\sqrt{}$ 。

名称：吊架
材料：*HT150*
图号：*LJ—03*

8-4 按题目要求标注表面结构要求。

（1）要求 ø14孔和底面为 $\sqrt{Ra\,3.2}$，其余表面均为 $\sqrt{\circ}$。

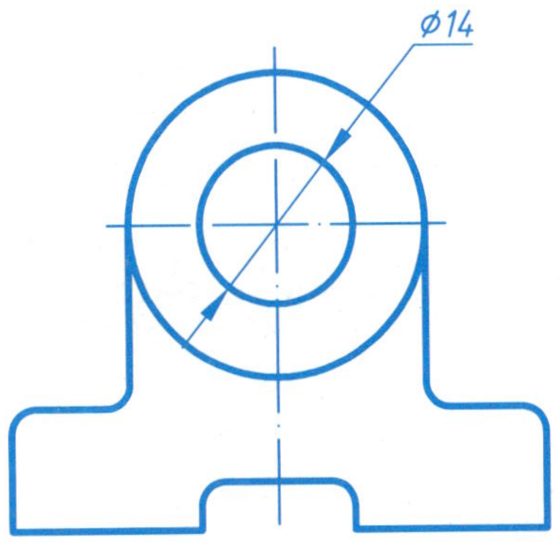

（2）要求 ø26表面、ø14表面为 $\sqrt{Ra\,1.6}$，倒角为 $\sqrt{Ra\,6.3}$，越程槽为 $\sqrt{Ra\,3.2}$，其余为 $\sqrt{Ra\,12.5}$。

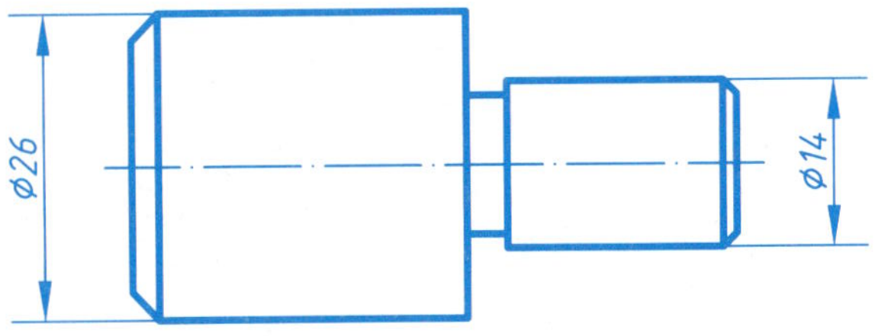

8-5 根据图中要求，标注尺寸公差和配合代号。

（1）根据配合代号，在零件图上分别标出轴和孔的直径、公差带代号和极限偏差数值。

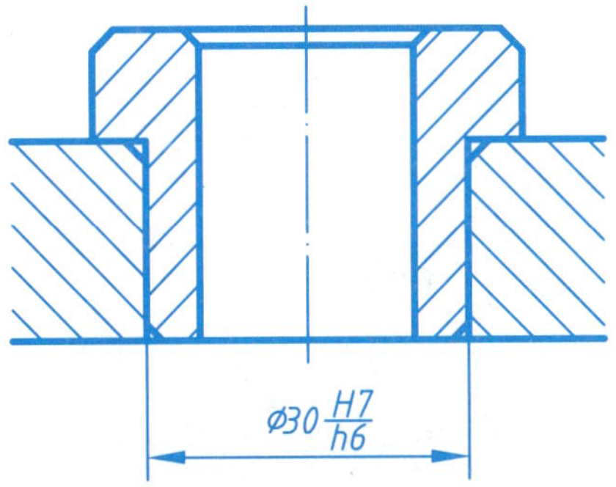

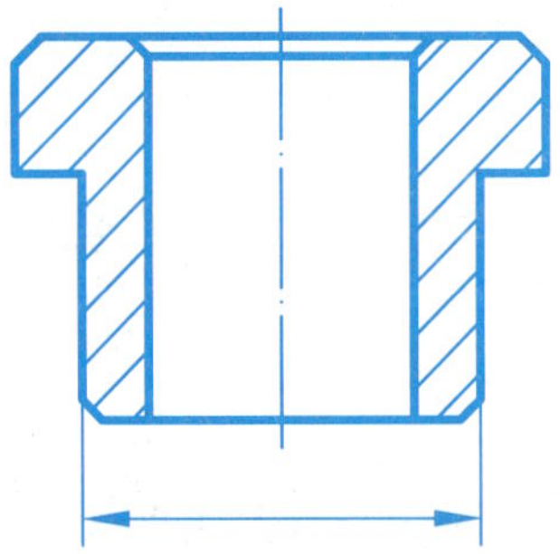

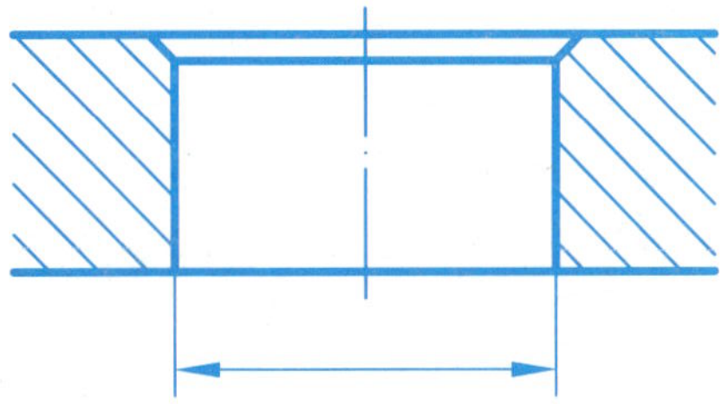

填写下列内容：

ø30表示__________尺寸；

H表示__________，7表示__________；

h表示__________，6表示__________；

此配合是________制________配合。

（2）根据轴和孔的极限偏差值，查表确定公差带代号，然后在装配图中标注其配合代号。试计算：

轴的公差= _____，孔的公差= _____。

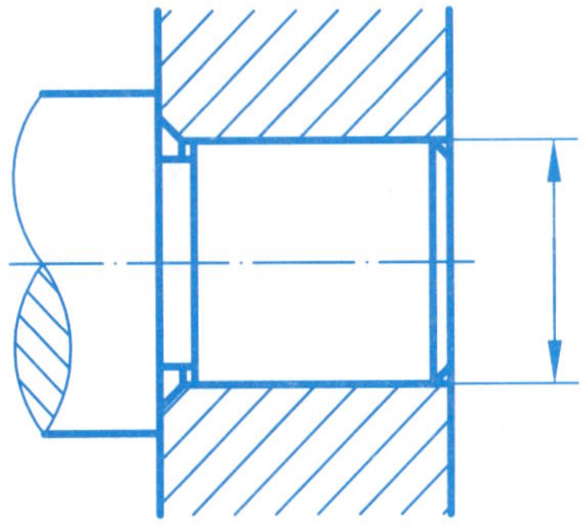

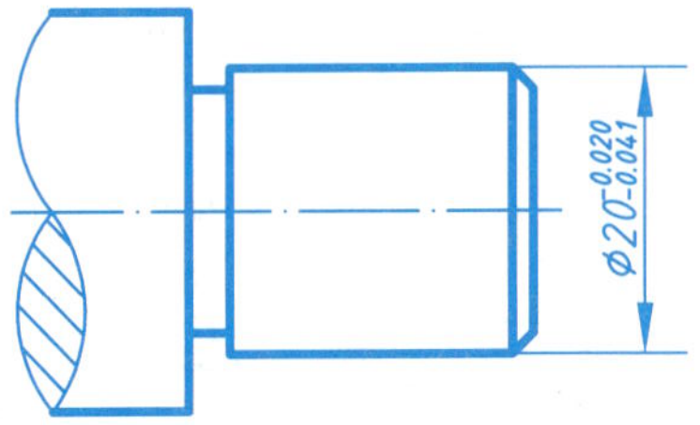

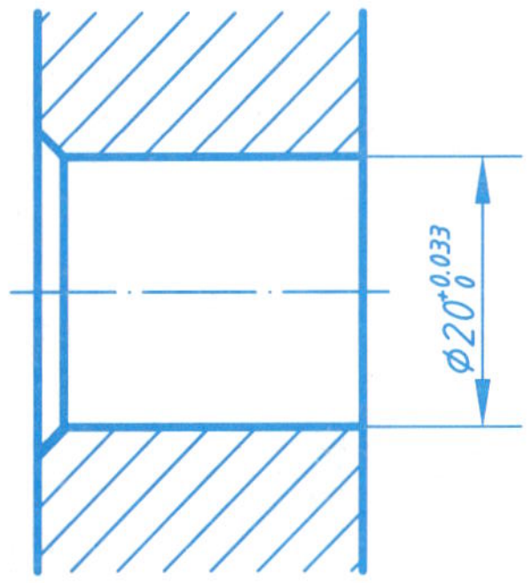

8-6 读轴的零件图，回答问题（见46页）并在指定位置画出 C-C 移出断面图。

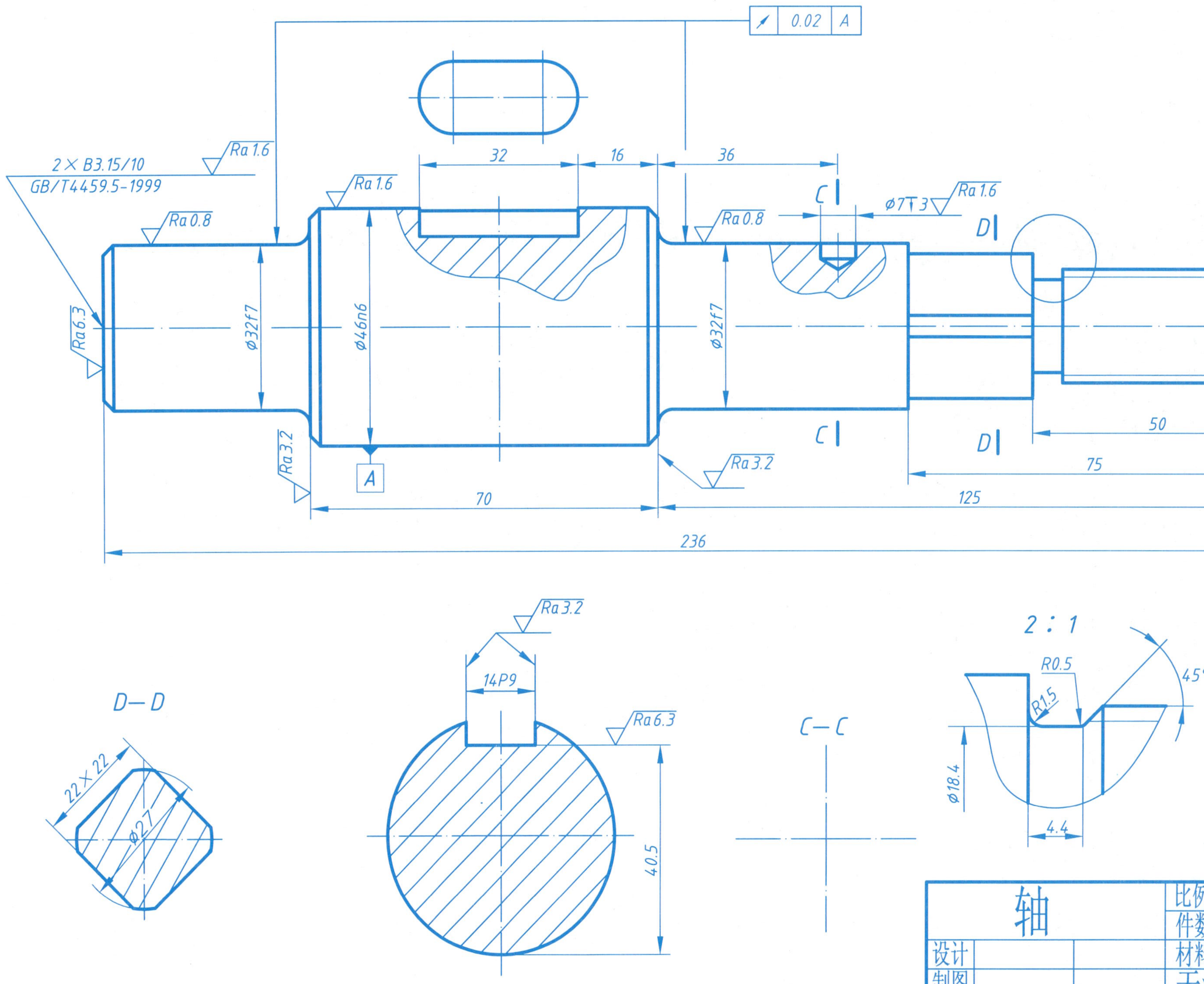

技术要求

1. 调质HB220～250；
2. 全部倒角C2；
3. 未注圆角R2。

Ra 12.5 （√）

轴		比例	1：1	DT-01
		件数	1	
设计		材料	45	
制图		天津工业大学		
审核				班

8-6 轴及8-7 端盖零件图读图要求。

一、读轴的零件图（见45页），回答下列问题。

1. 该轴有哪些标准结构要素?

2. 轴类零件的主视图轴线为什么总是水平放置? 除主视图外，还采用了哪些表达方法?

3. 轴上平键槽的长度为______，宽度为______，深度为______。

4. M22的含义是____________________。

5. 图上22×22的含义是____________________。

6. ϕ32f7中 ϕ32是________尺寸，f7是________，f是________，7是________。

7. 用 ↗ 指出该零件在轴向的主要基准面及加工键槽的定位尺寸。

二、读端盖零件图（见右图）。

1. 试说明盘、盖类零件的结构特征。

2. 该零件主视图采用了________剖视图，左视图采用了________视图，下部的图形是________图，用来清楚表达________的结构。

3. 用 ↗ 指出该零件长、宽、高三个方向尺寸的主要基准。

4. $\phi50^{-0.025}_{-0.087}$ 尺寸中，ϕ50是________尺寸，上偏差为________，下偏差为________，公差为________。

5. 3×ϕ7的定位尺寸为________。

6. 该零件材料的牌号为________。

8-7 读端盖的零件图，回答问题（见左边）。

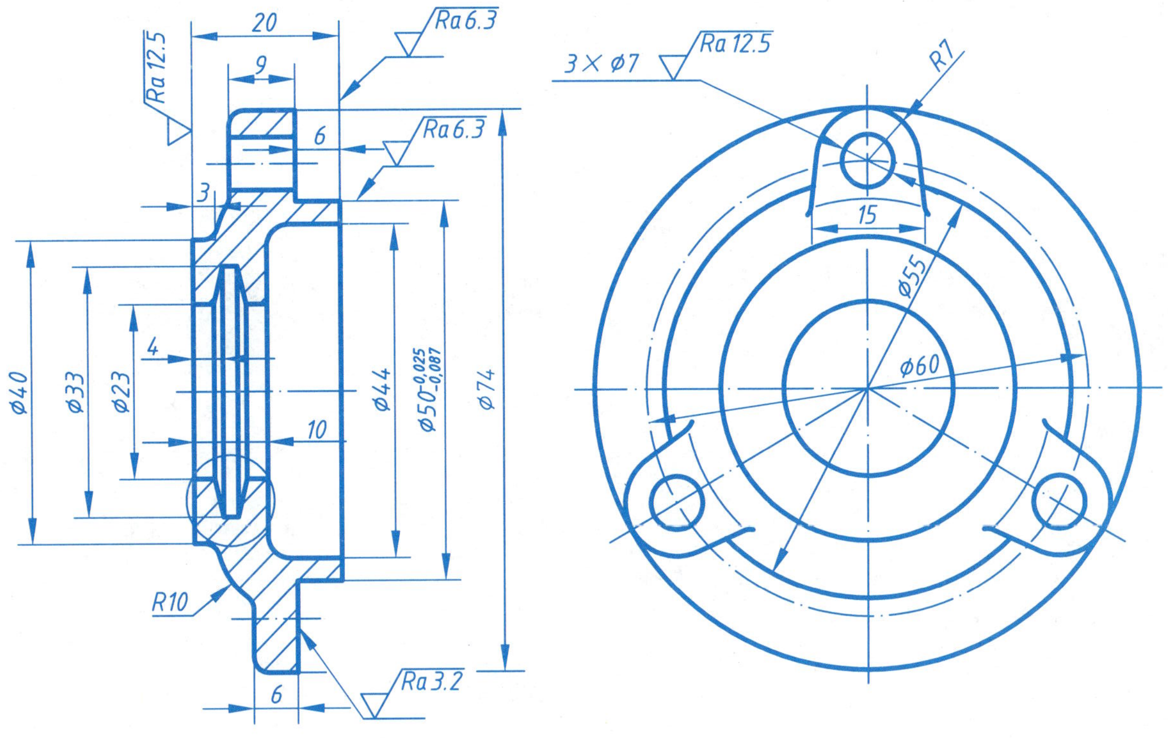

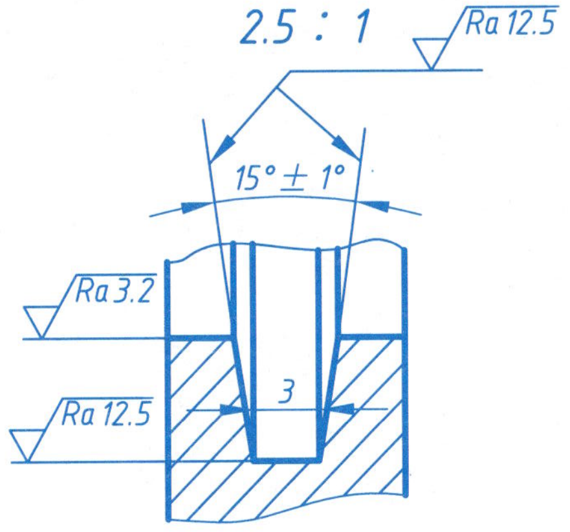

技术要求

1. 铸件需经时效处理;

2. 未注铸造圆角R2～R3。

$\sqrt{}$ （$\sqrt{}$）

端　盖		比例	1 : 1	DT-02
		件数	1	
设计		材料	HT200	
制图		天津工业大学		
审核				班

班级　　　　姓名

8-8 读底座零件图，在指定位置画出左视图外形图，并回答问题。

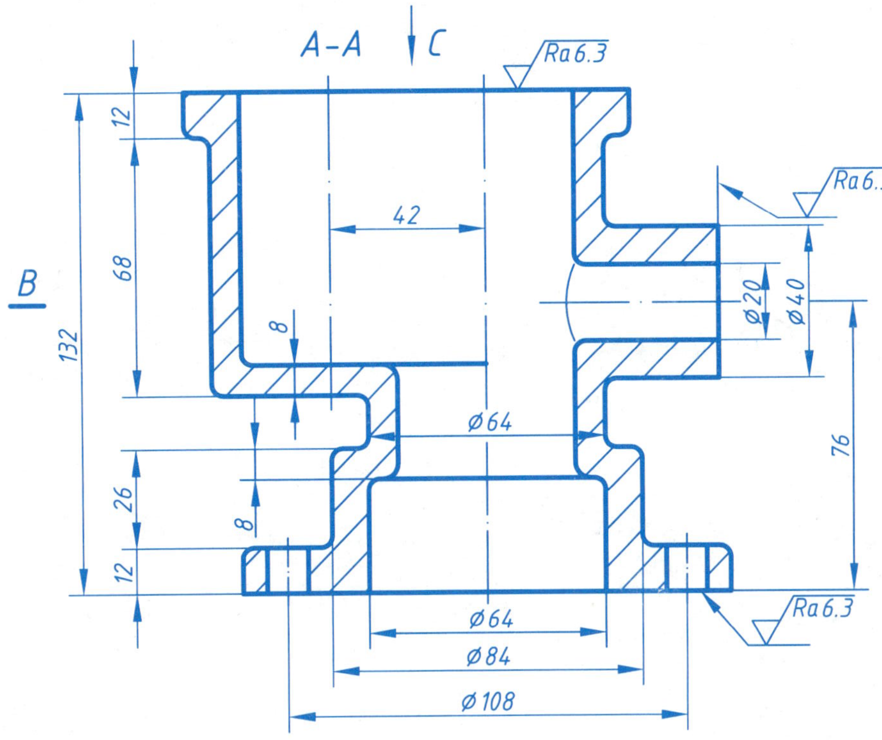

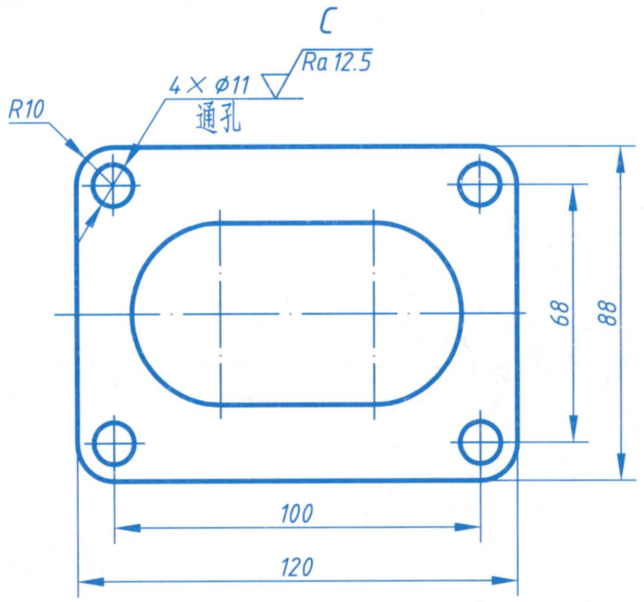

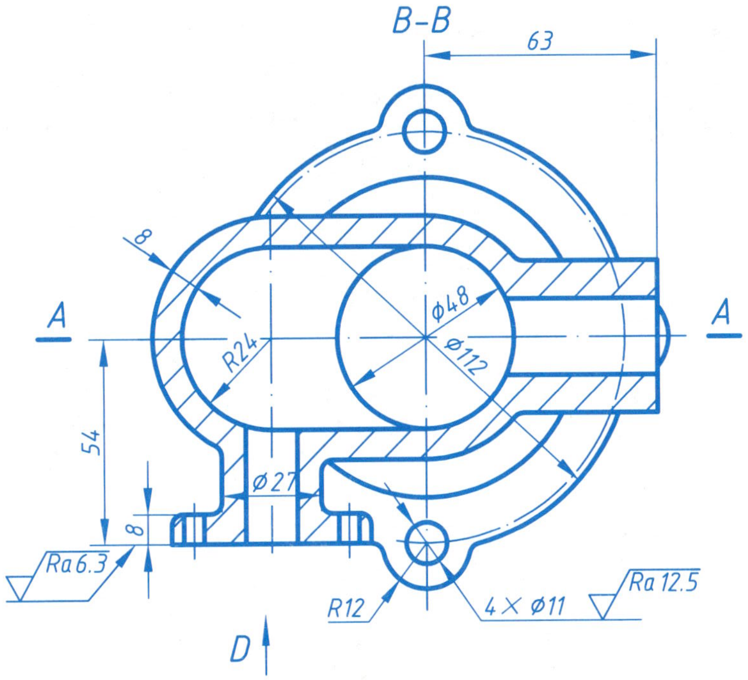

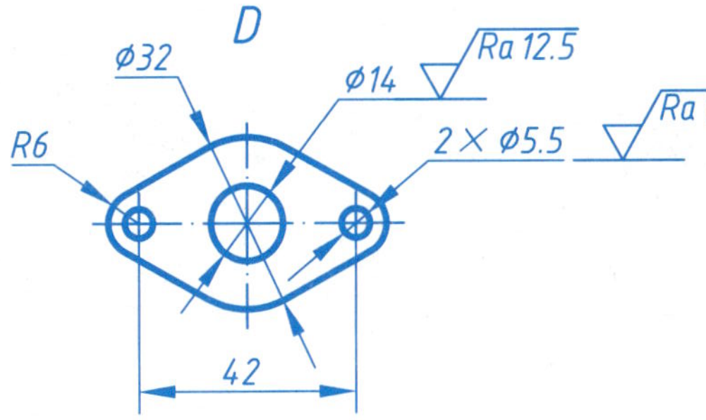

技术要求

1. 未注铸造圆角 $R2 \sim R3$；
2. 铸件不能有气孔、裂纹等缺陷。

$\sqrt{}$ ($\sqrt{}$)

回答问题：

1. 主视图为_____视图，C 视图为_____视图。
2. 俯视图中4×ϕ11孔的定位尺寸是__________；
   D 图中2×ϕ5.5孔的定位尺寸是__________。
3. 写出底座总体尺寸：总长__________、
   总高__________、总宽__________。
4. 零件表面结构要求最高的 Ra 值是__________。

底　座		比例	1：2	DT-03
		件数	1	
设计		材料	HT150	
制图		天津工业大学		
审核				班

班级　　　　姓名

8-9 读阀体零件图并回答问题（见49页）。

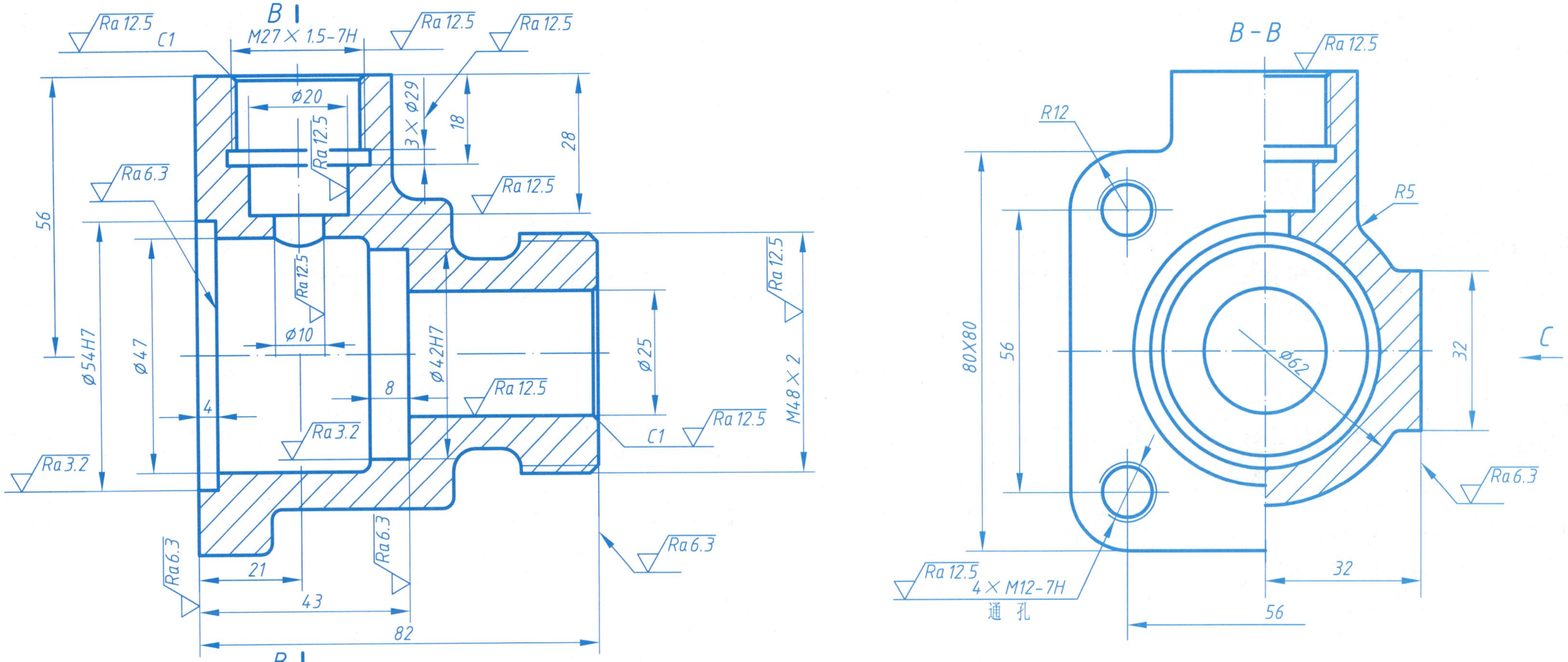

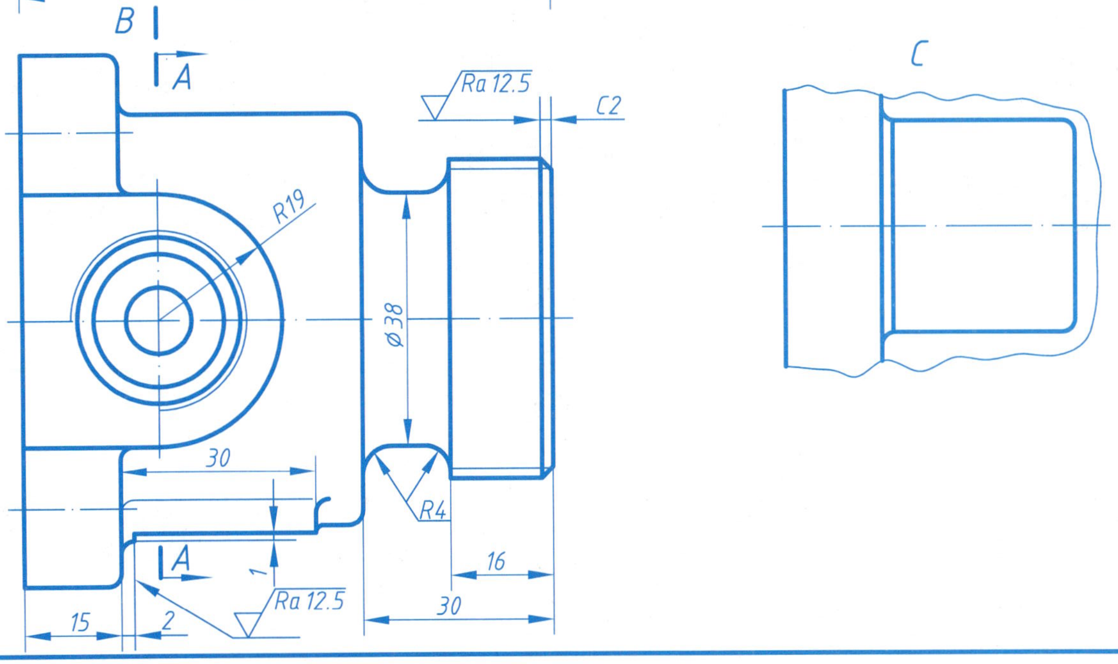

技术要求

1. 铸件应时效处理，消除内应力；
2. 未注铸造圆角 R2～R3；
3. 去尖角。

$\sqrt{}$ （$\sqrt{}$）

阀	体	比例		DT-04
		件数	1	
设计		材料	HT200	
制图		天津工业大学		
审核				班

8-9 读48页阀体零件图并回答问题。

一、画出主视图的外形视图及A-A移出断面图。

二、回答下列问题:

1. 阀体采用__________材料制造。

2. 主视图采用__________视图，左视图采用__________视图。

3. 在视图上用X、Y、Z 分别表示长、宽、高三个方向的尺寸基准。

4. 尺寸ϕ54H7中，ϕ54为__________尺寸，H7为____________代号,H为_____________代号，7为______________。

5. 尺寸M27×1.5-7H中，M为______________代号，27为____________，1.5为_____，7H为______代号。

6. 尺寸4×M12-7H中，表示___个______孔，其定位尺寸是__________。

7. 尺寸3×ϕ29中，3表示______________，ϕ29表示________________。

8. 零件表面加工精度最高的表面结构要求为__________，图的右下角

“”表示____。

9-1 由零件图拼画装配图（一）

一、作业说明：根据阀的装配示意图和零件图，绘制阀的装配图（装配时，填料压紧后其厚度大约为10 mm）。比例1：1，A3 图幅，技术要求、标题栏、明细栏按右下方所示格式书写。

二、工作原理：该阀是用来控制管路流体流量的。当用扳手旋动锥形塞上端方柄时,锥体上的通孔即可与阀体上的通孔对准或错开,达到启、闭及调节流量的目的。

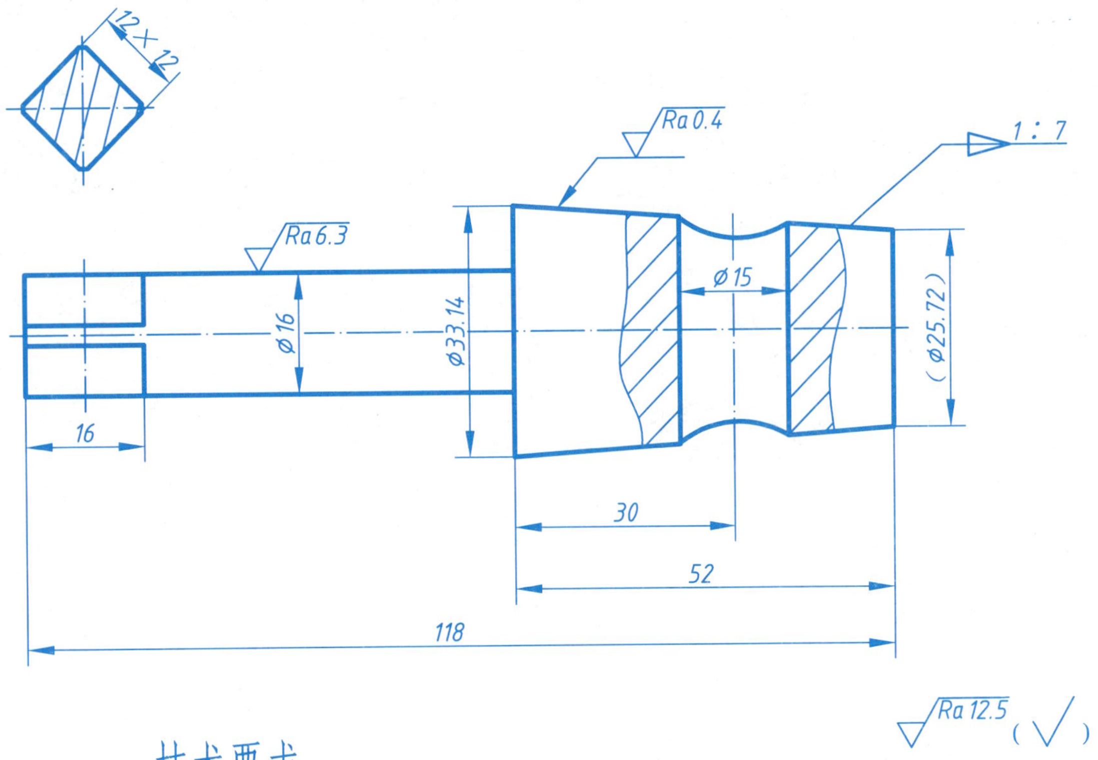

技术要求

锥形塞与阀体锥孔研磨。

6	阀　杆	45	1	1：1
序号	名　称	材　料	件数	比例

阀装配示意图

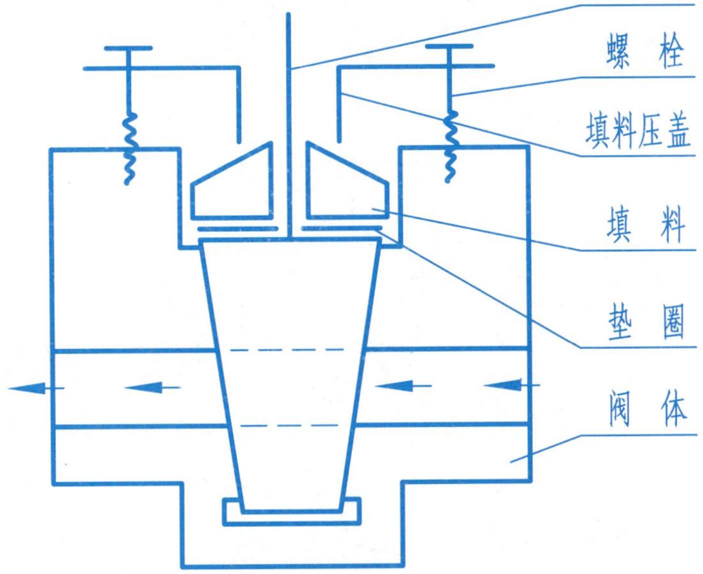

技术要求

1. 旋塞完全关闭时无渗漏;
2. 工作压力2.5×10^6Pa;
3. 填料压紧后，其厚度约为10mm。

序号	零件名称	数量	材料	备注
6	阀　杆	1	45	
5	螺栓M10×25	2	Q235-A	GB/T 5782
4	填料压盖	1	HT200	
3	填　料	1	石棉绳	
2	垫　圈	1	Q235-A	
1	阀　体	1	HT300	

阀 G1/2		比例	1：1	F-00	
		件数	1		
设计		重量		共 1 张	第 1 张
制图		天津工业大学			
审核					班

班级　　　　姓名

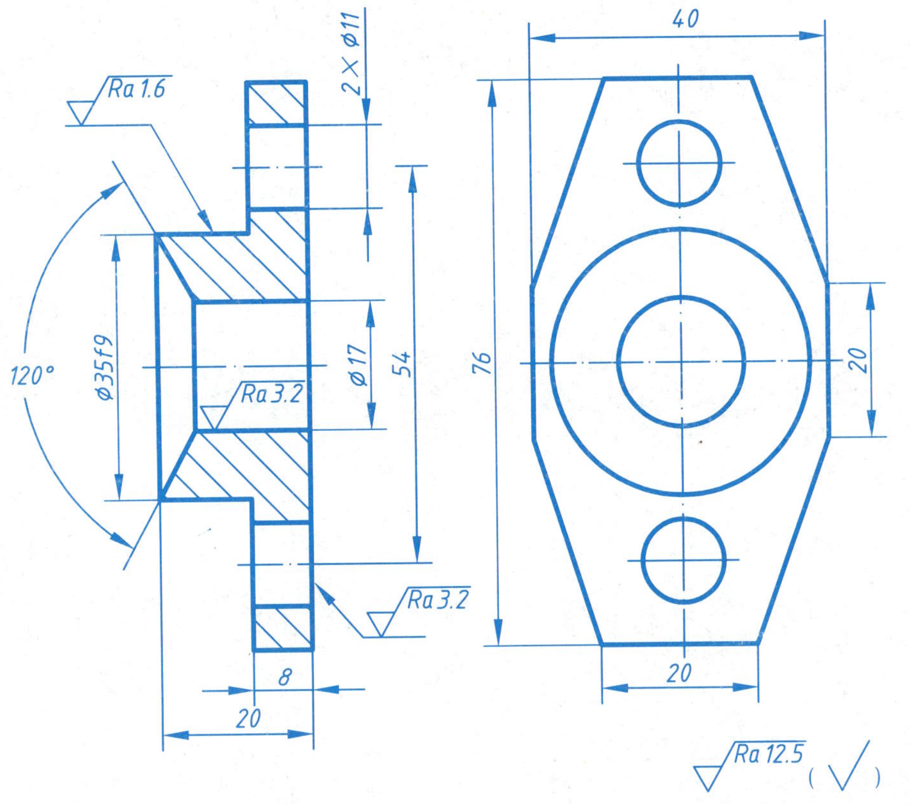

4	填料压盖	HT200	1	1∶1
序号	名　称	材　料	件数	比例

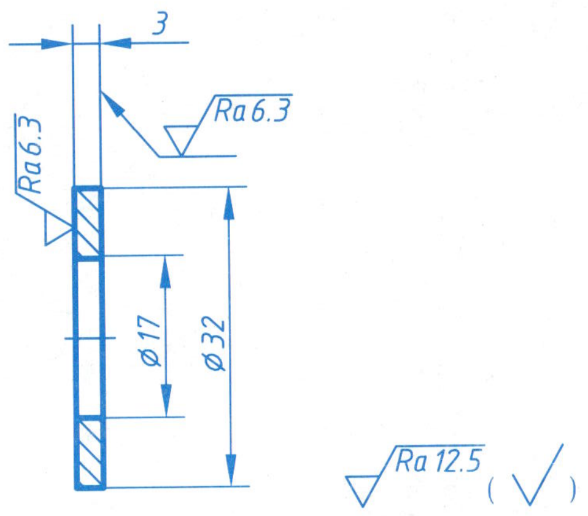

2	垫　圈	Q235-A	1	1∶1
序号	名　称	材　料	件数	比例

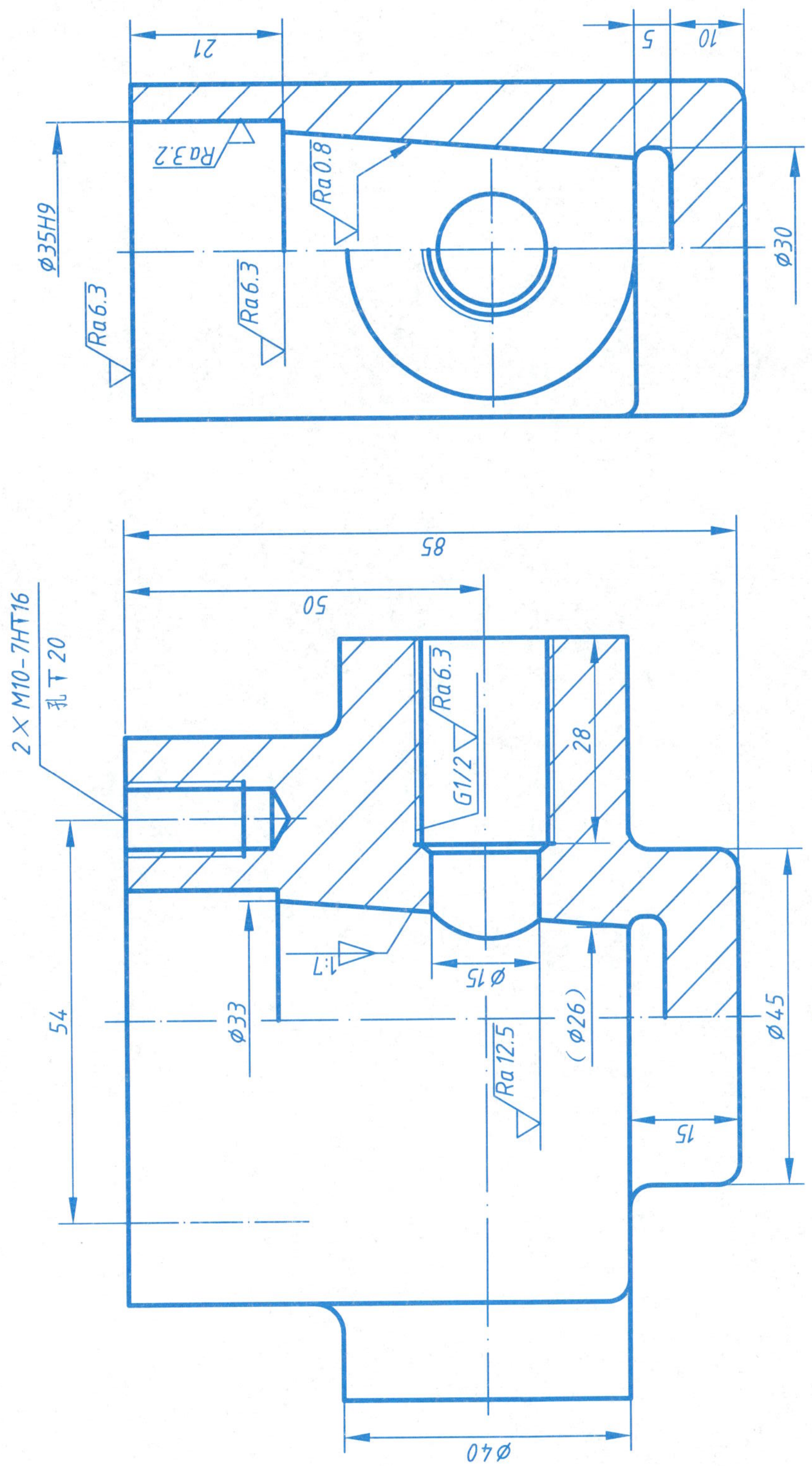

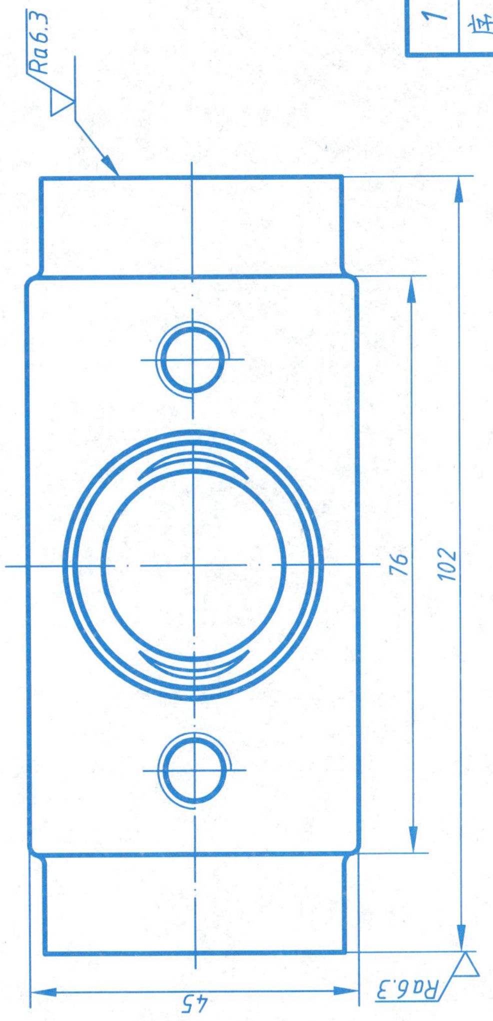

技术要求

1. 锥孔与锥形塞配研；
2. 铸件毛坯经10MPa水压实验无渗漏；
3. 未注铸造圆角 R2～R3。

✓(√)

1	阀　体	HT300	1	1∶1
序号	名　称	材　料	件数	比例

9-2 由零件图拼画装配图（二）

一、作业说明：根据R型齿轮油泵的装配示意图和零件图，绘制齿轮油泵的装配图（比例1：1，A3图幅）。

二、工作原理：齿轮油泵是机器中输送润滑油的部件，泵体内装有一对啮合的圆柱直齿轮。当主动轮带动从动轮转动时，在齿轮的进油口一端形成真空，润滑油被吸入进油口，充满齿间，随着齿轮转动，油被带到出油口输出。

技术要求

1. 装配后，用手转动主动轮应灵活；
2. 两齿轮啮合面应占齿长的2/3以上；
3. 不得有渗漏现象。

R型齿轮油泵装配示意图

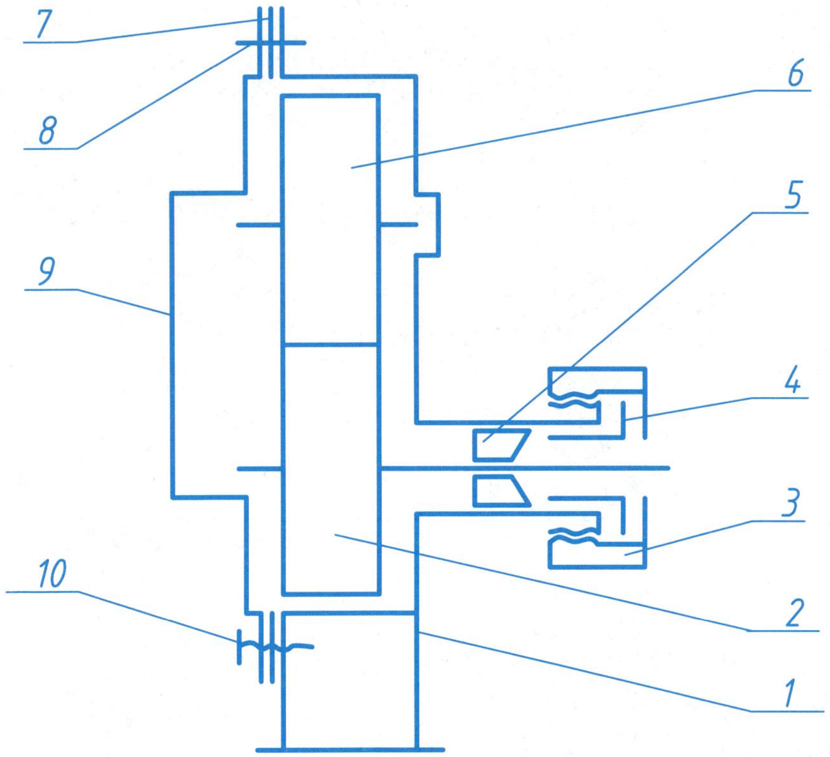

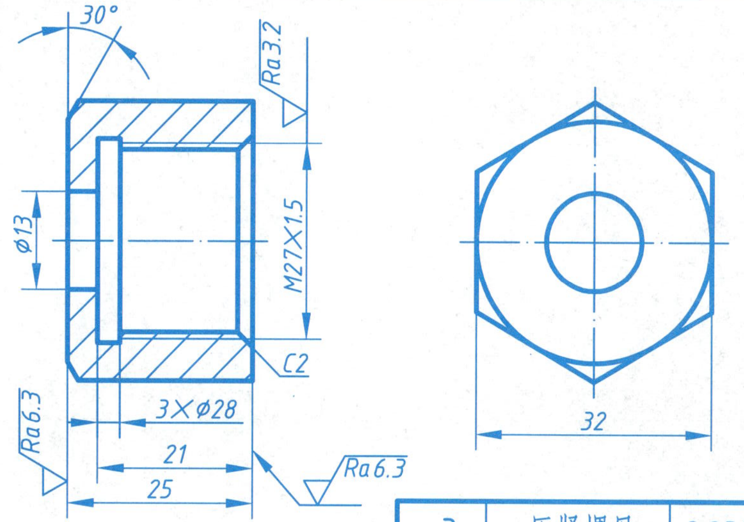

(√)

3	压紧螺母	Q235-A	1	1：1
序号	名称	材料	件数	比例

序号	零件名称	数量	材料	备注
10	螺钉M6×18	6	Q235-A	GB/T 67
9	泵盖	1	HT200	
8	销3m6×20	2	35	GB/T 119.1
7	垫片	1	工业用纸	
6	从动齿轮轴	1	45	m=2.5　z=14
5	填料	1	聚乙烯	
4	压紧套	1	Q235-A	
3	压紧螺母	1	Q235-A	
2	主动齿轮轴	1	45	m=2.5　z=14
1	泵体	1	HT200	

R型齿轮油泵		比例	1：1	RYB-00	
		件数	1		
设计		重量		共1张	第1张
制图		天津工业大学			
审核					班

班级 姓名

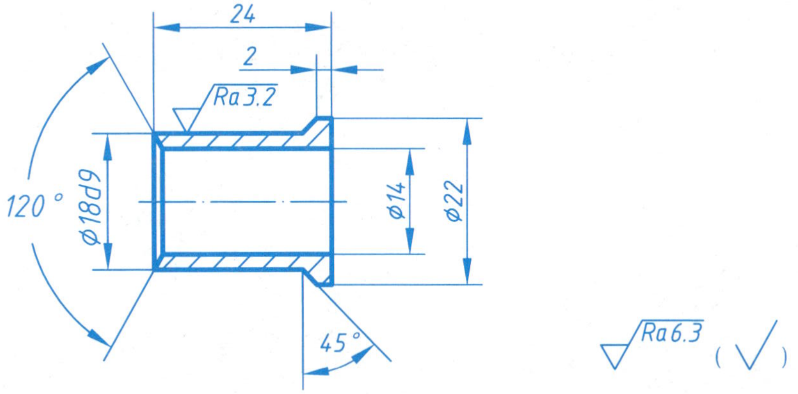

4	压紧套	Q235-A	1	1∶1
序号	名称	材料	件数	比例

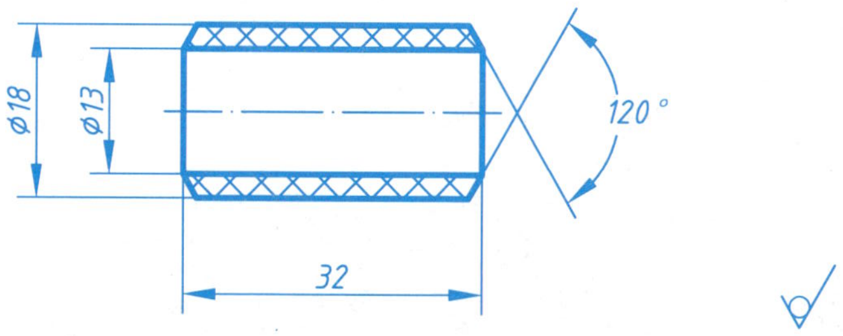

5	填料	聚乙稀	1	1∶1
序号	名称	材料	件数	比例

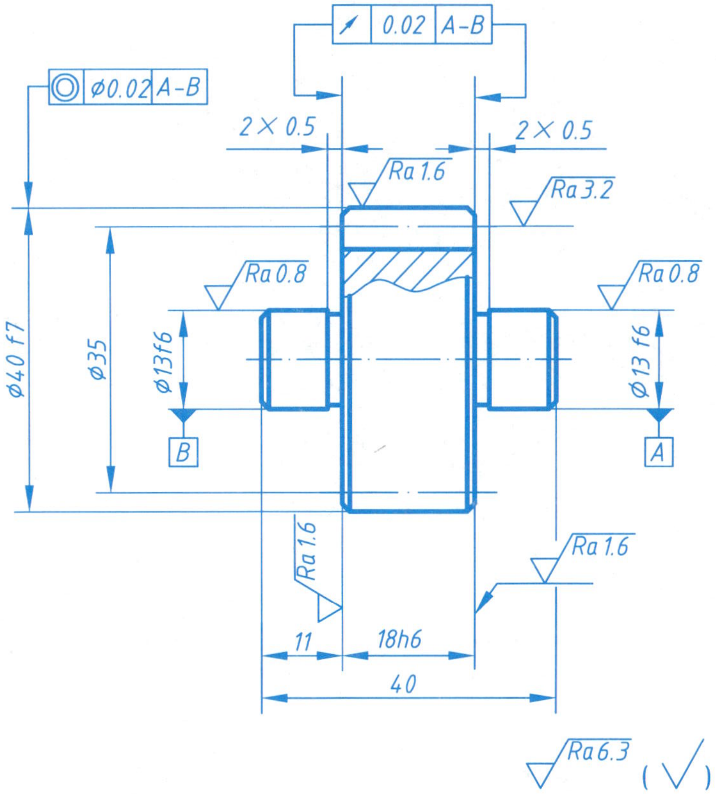

模数 m	2.5
齿数 z	14
压力角α	20°
精度等级	7FL

技术要求

1. 调质HB220～250；
2. 锐边倒钝；
3. 全部倒角C1。

6	从动齿轮轴	45	1	1∶1
序号	名称	材料	件数	比例

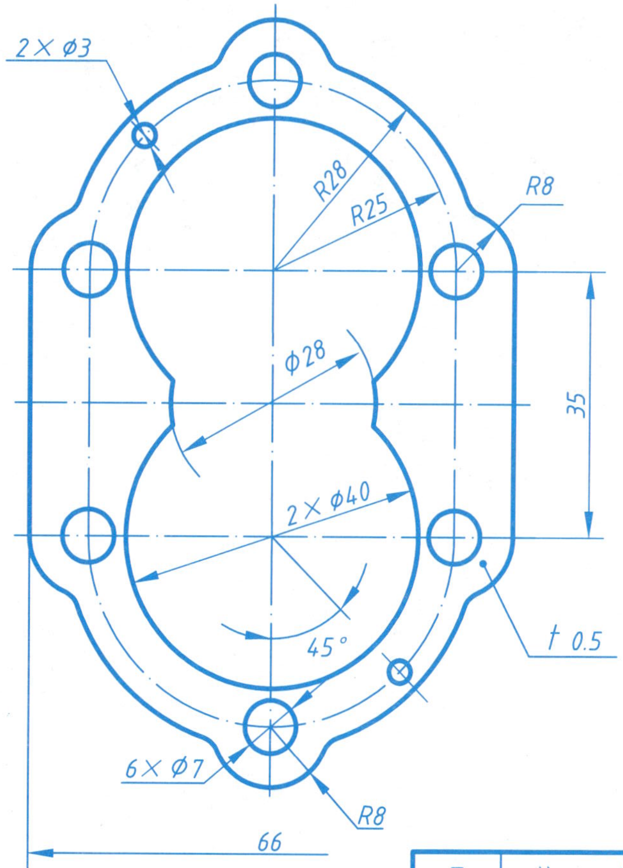

7	垫片	工业用纸	1	1∶1
序号	名称	材料	件数	比例

模数 m	2.5
齿数 z	14
压力角 α	20°
精度等级	7FL

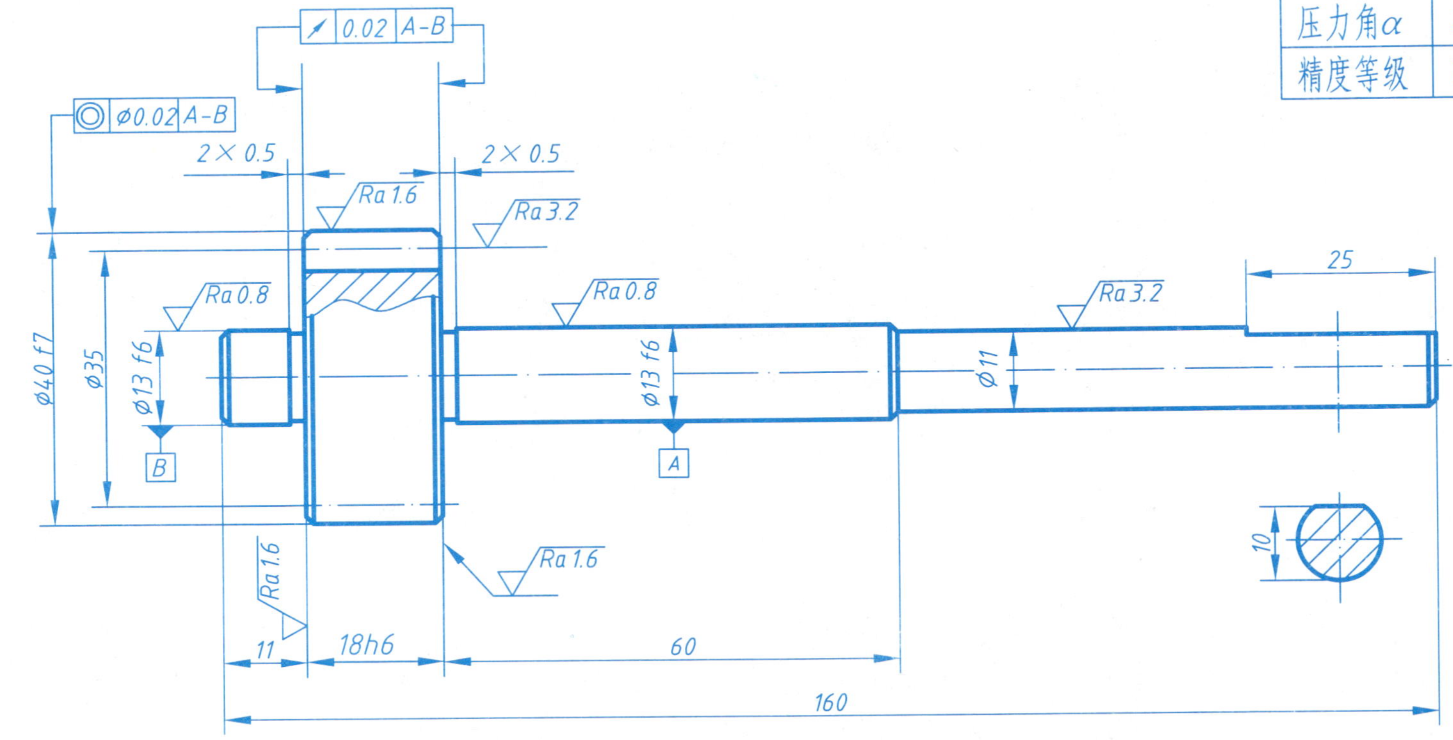

技术要求

1. 调质 HB220～250；
2. 锐边倒钝；
3. 全部倒角 C1。

Ra 6.3 (√)

2	主动齿轮轴	45	1	1∶1
序号	名　称	材 料	件数	比例

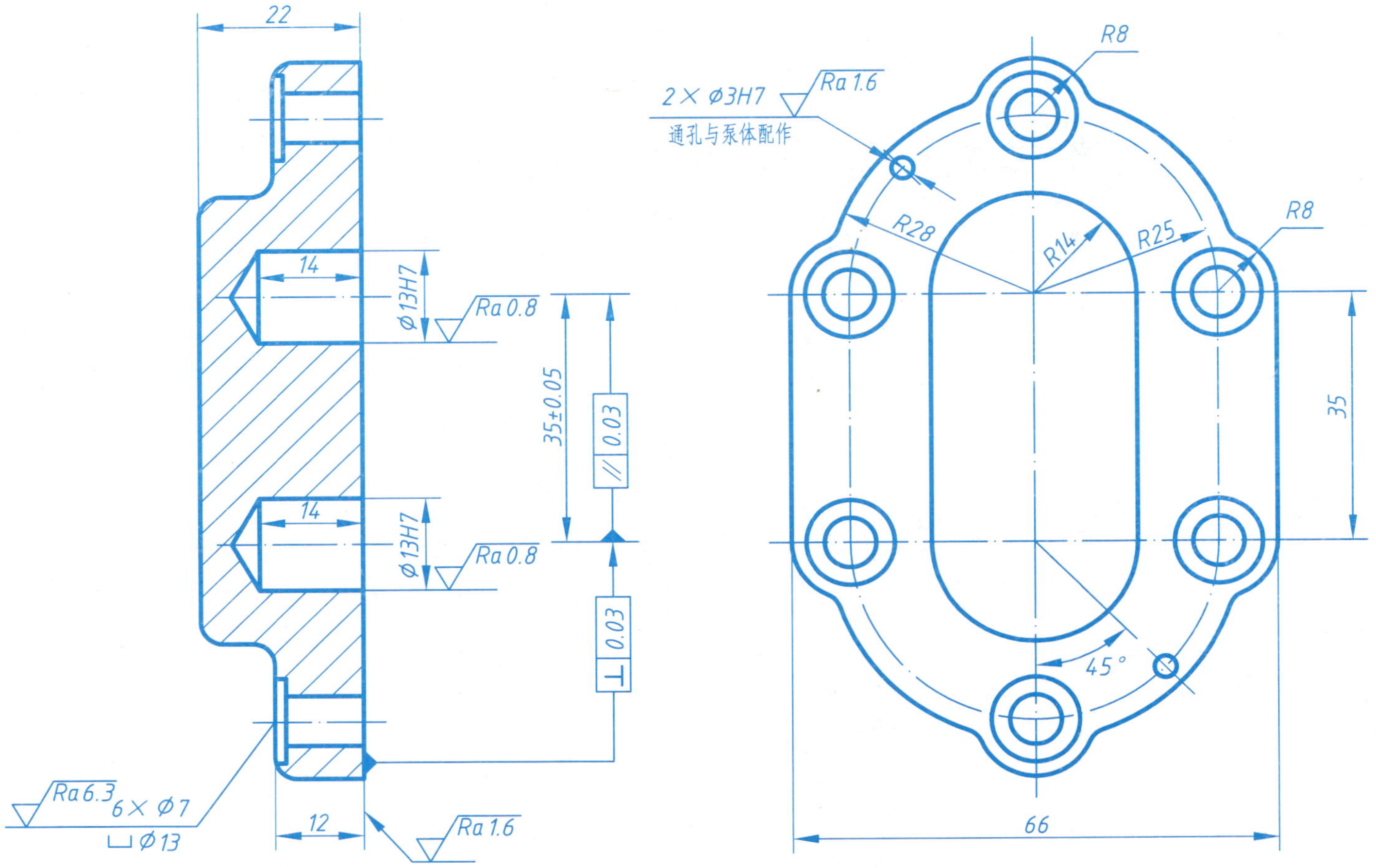

技术要求

1. 铸件需经时效处理，不得有缩孔等缺陷；
2. 未注铸造圆角 R3。

(√)

9	泵　盖	HT200	1	1∶1
序号	名　称	材 料	件数	比例

班级

姓名

班级　　　　　　姓名

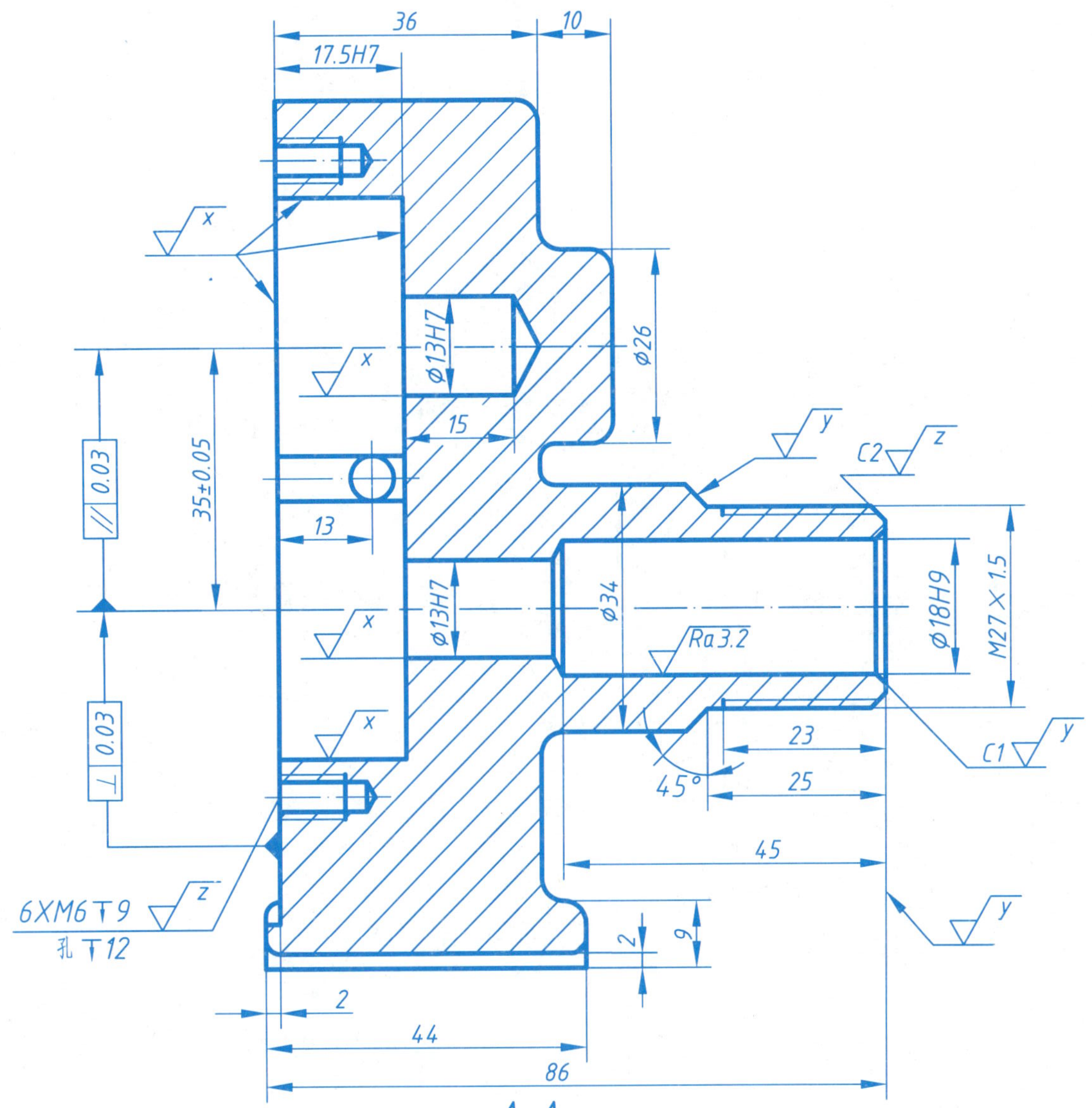

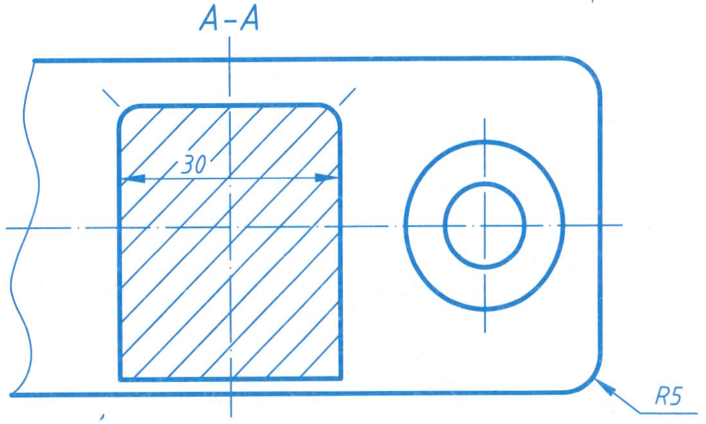

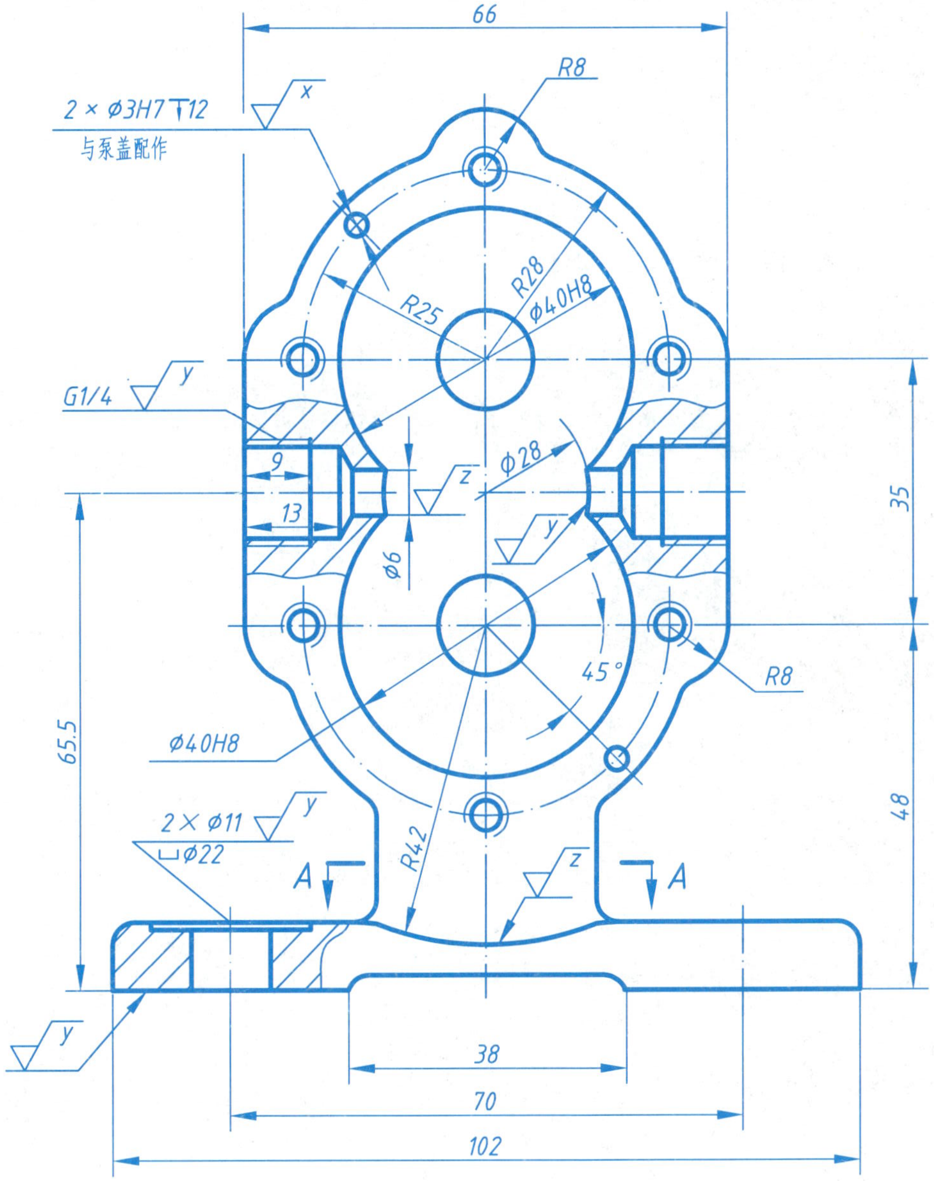

x = Ra1.6

y = Ra6.3

z = Ra12.5

(√)

技术要求

1. 铸件需经时效处理，不得有缩孔等缺陷；
2. 未注铸造圆角R3。

1	泵　体	HT200	1	1:1
序号	名　称	材 料	件数	比例

班级　　姓名

9-3 读机用虎钳装配图（见57页）

一、工作原理：机用虎钳是用来夹紧工件进行加工的部件。它用两个螺栓（图中未画出）固定在工作台上，工件由固定钳身 7和活动钳身 3 夹紧。当转动螺杆 9 时，带动方螺母 5 及活动钳身 3 左右移动，从而夹紧工件。松开螺钉 4，可使活动钳身偏转一定角度，以便夹持带有斜面的工件。

二、读懂装配图并回答以下问题。

1. 机用虎钳是如何夹紧工件的?

2. 要想拆下方螺母，应先拆去哪几个零件?

3. 装配图中给出的尺寸各为什么尺寸?

4. $\phi 17\frac{H8}{f7}$是________尺寸，是________制__________配合，其中ϕ17是______尺寸，H8是__________，f7是____________，H是____________，f是____________，8、7分别是_________。

三、拆画件3（活动钳身）、件5（方螺母）和件7（钳身）的零件图。拆画要求如下:

1.按1：1比例画出一组图形，将机件表达清楚。

2.标注零件尺寸。

3.填写标题栏。

活动钳身			比例	1：1	HQ-03	
			件数	1		
设计			重量		材料	HT200
制图			天津工业大学			
审核						班

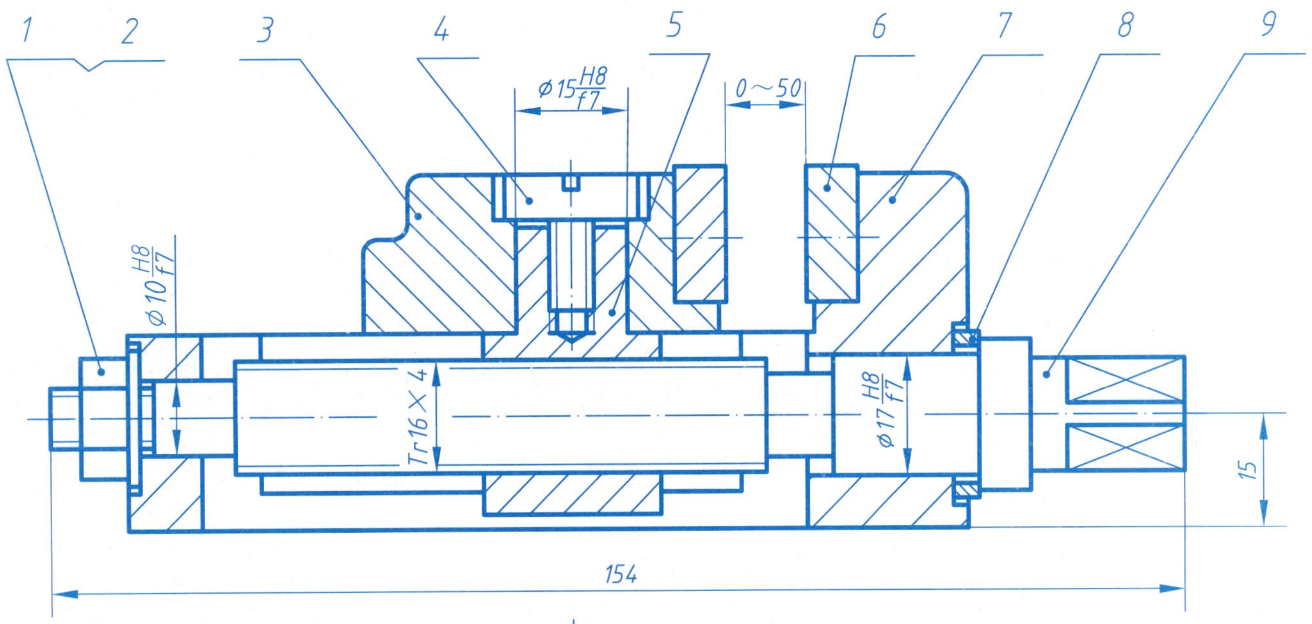

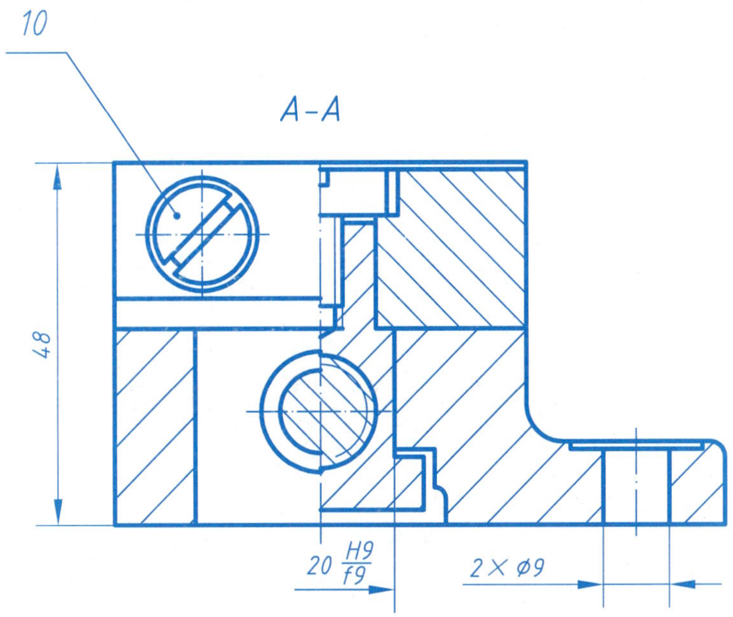

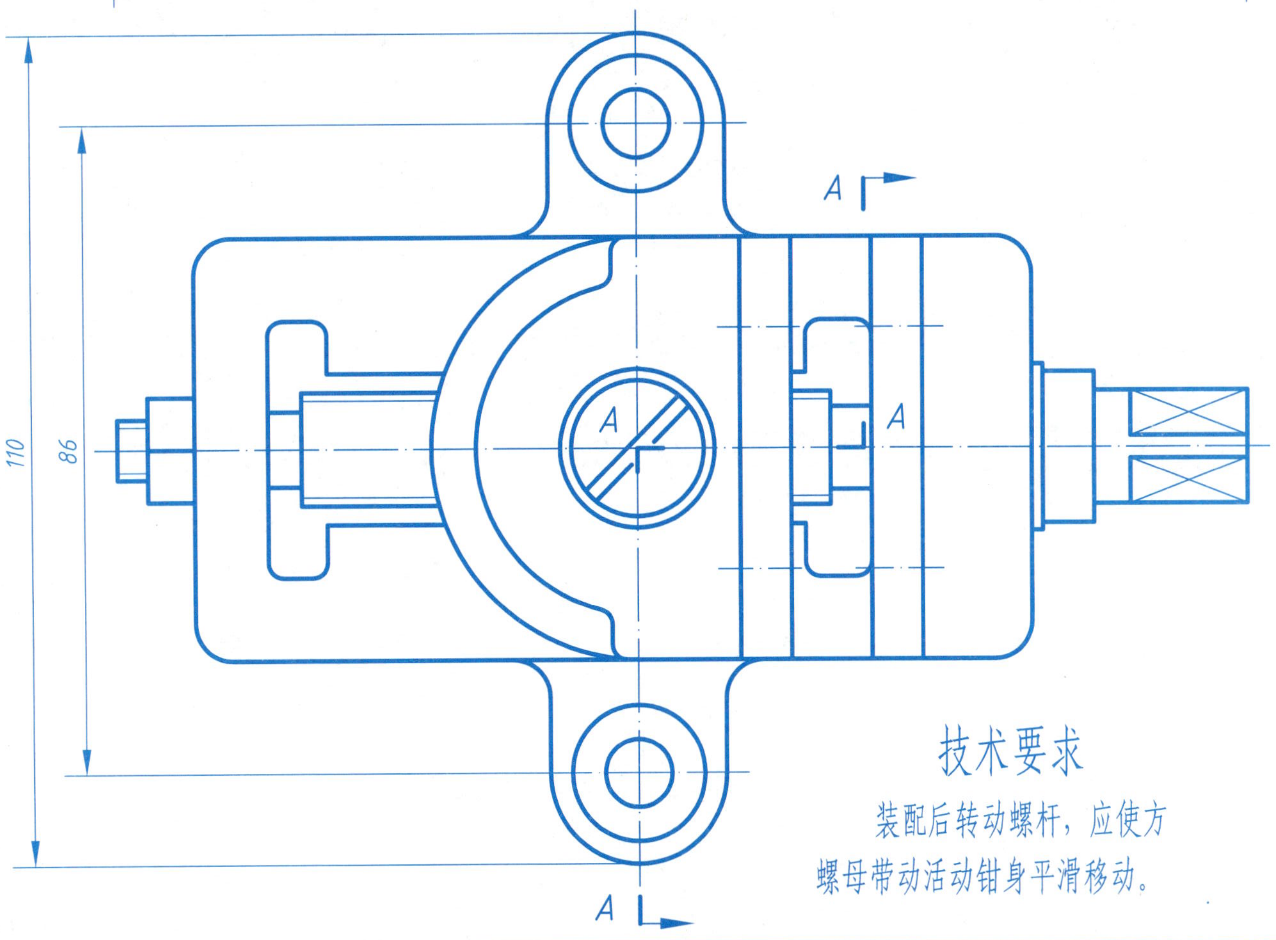

技术要求

装配后转动螺杆，应使方螺母带动活动钳身平滑移动。

10	螺钉 M6×16	4	Q235-A	GB/T 68
9	螺杆	1	45	
8	垫圈	1	Q235-A	
7	钳身	1	HT200	
6	钳口板	2	45	
5	方螺母	1	35	
4	螺钉	1	35	
3	活动钳身	1	HT200	
2	垫圈 8	1	Q235-A	GB/T 97.1
1	螺母 M8	1	Q235-A	GB/T 6170
序号	零件名称	数量	材料	备注

机用虎钳		比例	1:1	HQ-00	
		件数			
设计		重量		共 1 张	第 1 张
制图		天津工业大学			
审核					班

班级　　　　姓名

9-4 读手动机构装配图（见59页）

一、工作原理：如图所示转动手把 8，由于销 9 将摇柄 7 和轴 5 连接，键 4 将齿轮 3 和轴 5 联结，因此轴 5 旋转使齿轮 3 随之转动将运动输出。

二、读懂装配图并回答下列问题：

1. B 向视图采用的特殊表达方法是________画法。

2. 手动机构中标准件有______个，非标准件有______个。

3. 键5×5×10，其中5表示键的__________尺寸，10表示键的________尺寸。

4. 指出装配图中下列尺寸的种类：

120为_______尺寸,36为_______尺寸，$\phi 18\frac{H8}{f7}$ 尺寸为______尺寸。

5. $\phi 12\frac{H8}{f7}$ 尺寸，表示_______号和________号零件间的配合。

三、拆画件6（底座）、件7（摇柄）的零件图。拆画要求如下：

1. 按1∶1画出一组图形，将零件表达清楚。

2. 标注零件尺寸。

3. 填写标题栏。

底　座			比例	1:1	SD-06
			件数	1	
设计			材料		
制图			天津工业大学		
审核					班

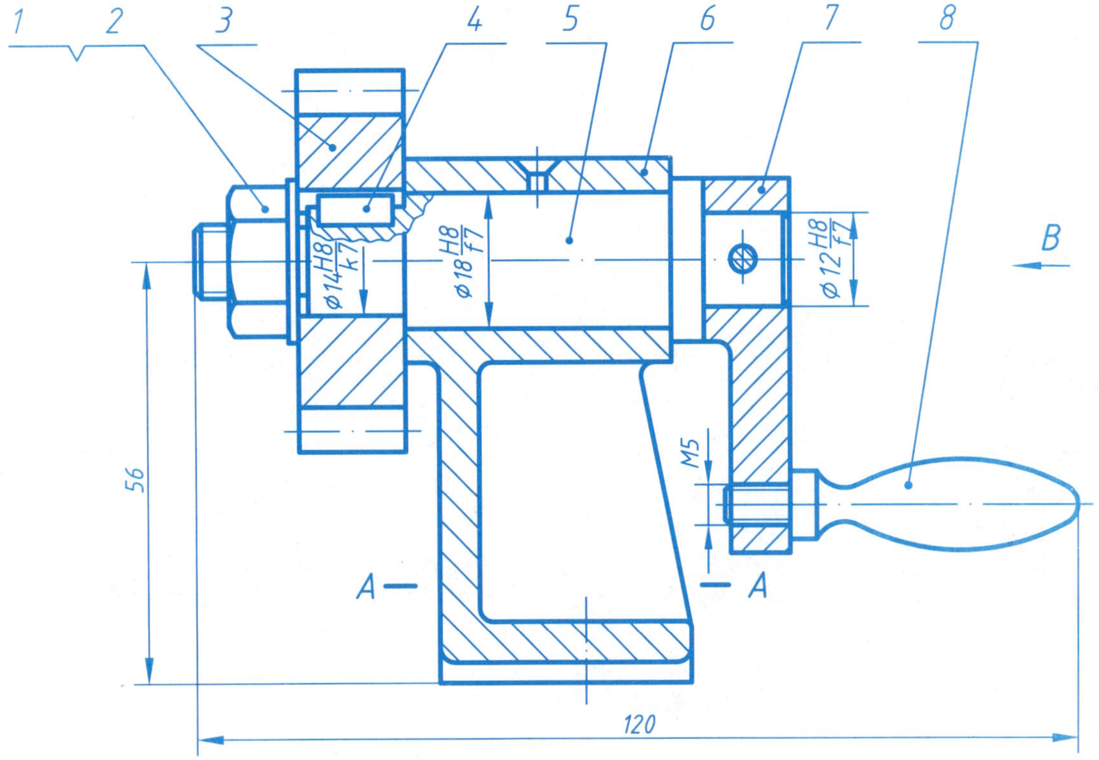

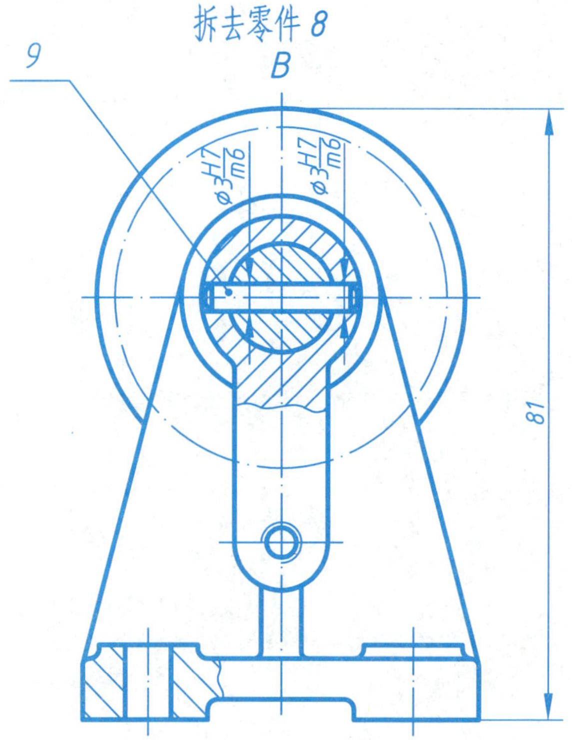

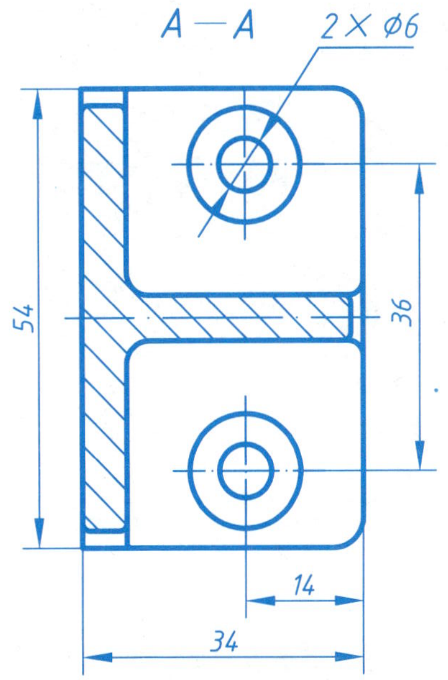

技术要求

装配后轴转动要灵活。

序号	零件名称	数量	材料	备注
9	销 3m6×20	1	35	GB/T 119.1-2000
8	手把	1	45	
7	摇柄	1	Q235-A	
6	底座	1	Q235-A	
5	轴	1	45	
4	键 5×5×10	1	45	GB/T 1096
3	齿轮	1	45	m=2.5 z=18
2	螺母 M10	1	Q235-A	GB/T 6170
1	垫圈 10	1	Q235-A	GB/T 97.1

手动机构	比例	1:1	SD-00	
	件数	1		
设计	重量		共 1 张	第 1 张
制图	天津工业大学			
审核				班

10-1 用AutoCAD软件绘制下面的图形。

（1）

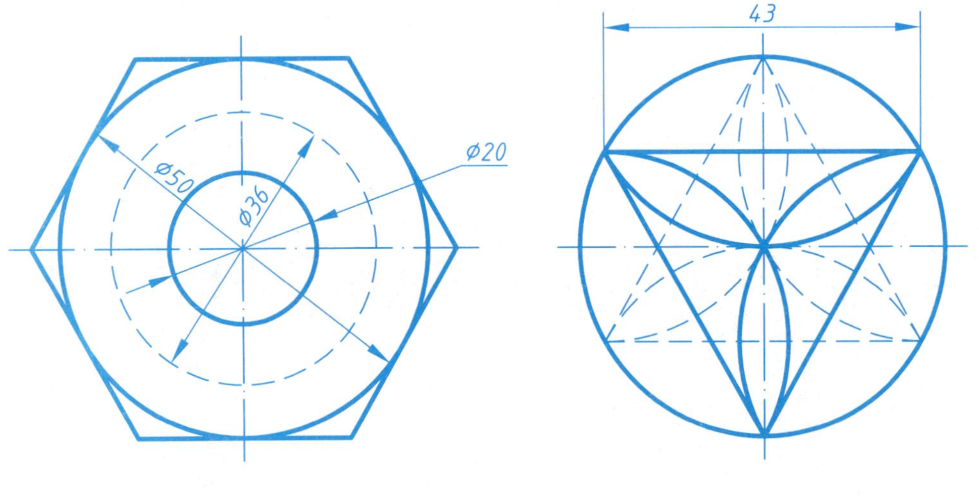

（2）

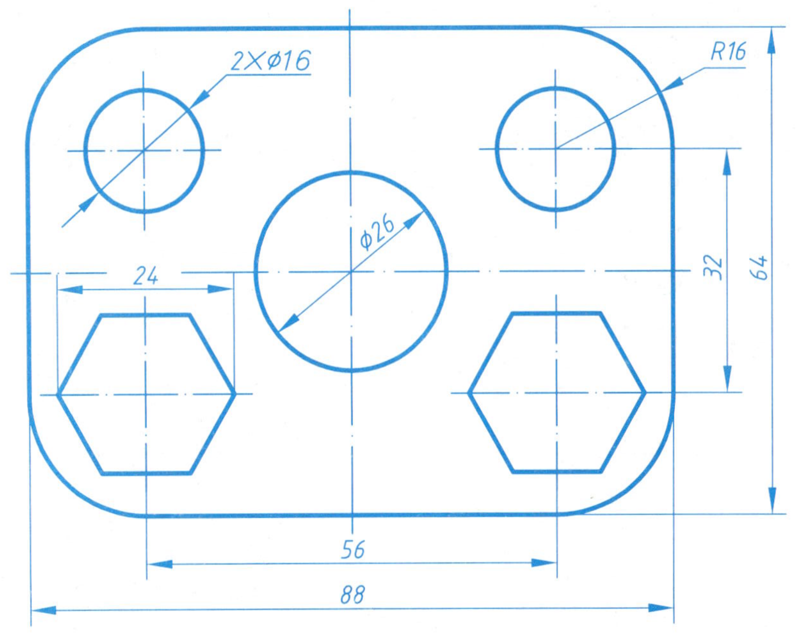

10-2 用AutoCAD软件在A4图幅上按1：1的比例绘图。

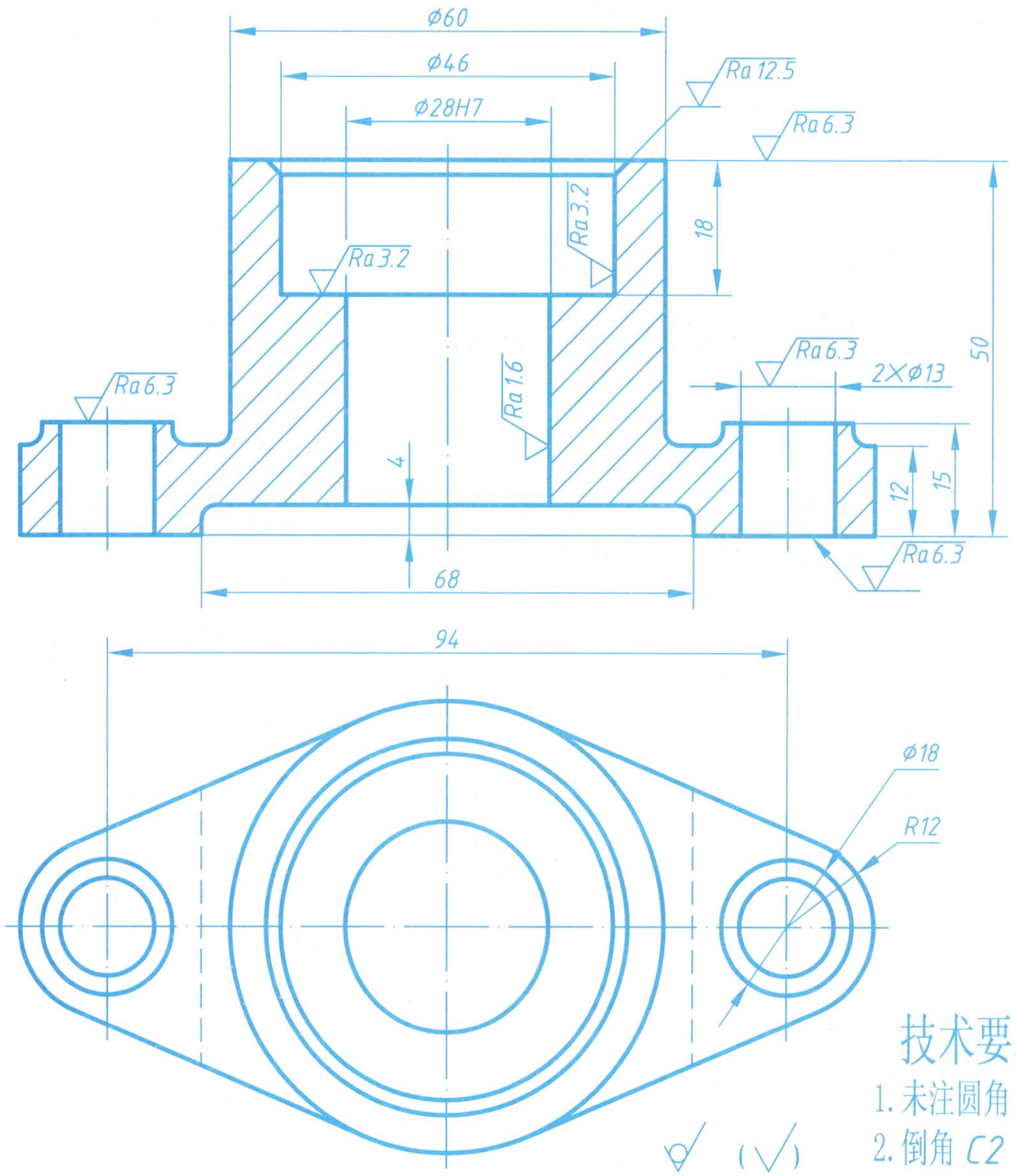

技术要求

1. 未注圆角 $R2$；
2. 倒角 $C2$ 。

基本练习		比例	1：1	09-01
		件数	1	
设计		材料		
制图		天津工业大学		
审核				班